知乎

有问题 就会有答案

Love does not dominate;it cultivates.

我和我们

关于爱的心理学通识

刘嘉／著

台海出版社

LOVE DOES NOT DOMINATE; IT CULTIVATES.

序

科学有多种分类方法。如果以人为科学的尺度，那么与人无直接关系的是物理、化学这种关注日月交替，万物演化的自然科学；如果将注意力翻转向内，试图理解我们内心世界的缤纷灿烂、爱恨情仇的科学则是心理学。“我是谁，我从哪里来，又要到什么地方去”，是心理学的终极三问。

既然心理学以人为研究对象，那么心理学需要回答的第一个问题，就必然是：“我从哪里来”，即是什么使得我们成为人，而不是其他。

在 1974 年 11 月的一个正午，人类学家唐纳德·约翰逊在埃塞俄比亚哈达沙漠中寻找能够在人类和猿类之间架起桥梁的化石。突然，一块略微突出于地面，在阳光照耀下闪烁着光泽的肘骨化石引起了他的注意。这块化石与散布在它周围的其他骨骼化石，构成了一个人形骨架。开始的时候，约翰逊以为它是一只猴子的化石，直到他注意到这副骨架的膝关节具有直立行走所必需的锁扣功能。借助于氩钾测定法，约翰逊判定这副骨架属于一个在320万年前直立行走在非洲大陆的生物。在晚上的庆功派对上，一遍遍播放的甲壳虫乐队的歌曲《露西在缀满钻石的天空》让兴奋不已的约翰逊将这副骨架的主人称为“露西”——目前已知的最古老的人类祖先。

与其说露西是人类与猿类之间的过渡，不如说她是一个起点，因为她的脑容量只有现代人的三分之一，与猿类的脑容量类似。那么，究竟是什么样的驱力促使人类大脑的容量在随后的进化中增加了3倍？如果比较人类和猿类的大脑，我们会发现人类的大脑容量主要增加在额叶——从头的外形上看，人类的额头向前突出，饱满丰盈，也就是古人所说的“天庭饱满”。额叶的主要功能是处理复杂的事务；据此，心理学家提出了“社会大脑假说（Social Brain Hypothesis）”，即人类之所以需要更大的大脑，是因为人类所在群体的结构复杂度要远远高于其他物种所在的群体。

这里展示的是一个普通成年人的社交圈子：“我”嵌入在一系列亲疏关系不同的圈层之中。离“我”越远，群体的数量越

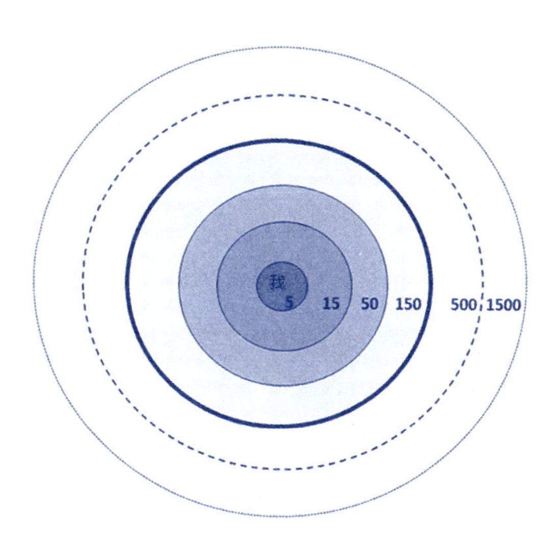

大，但是亲密度也越低。在“我”的社交圈子里，150 人的圈层是一个重要的分界面。向外，是更迭相对频繁、与“我”无紧密绑定的 500 人的熟人圈层（同事、牌友等）和也许可以说出名字、记住面孔的 1500 人圈层（如微信好友等）。向内，是自己信任和互惠互利的，同时又承担责任的圈层（亲人、朋友等）——它源自我们祖先的家族与部落的大小。其中，居于核心的是与“我”一体的 5 人，他们与“我”相互缠绕、密不可分；更重要的是，他们定义了“我是谁”。这就是婚姻与家庭。

婚姻与家庭是人类所独有的现象。它的出现，并不是对爱的庆祝与永恒化，而是为了解决人直立行走所带来的生育问题。露西的骨盆变小，使得整个身体的重心更低，更容易直立；骨盆位置变高，以便髋部肌肉能够在行走时稳定身体。但是，骨盆位置变高、尺寸变小，就必然使得胎儿出生的产道变窄，导致胎儿难产。于是，进化给出的解决方案是：让每一个胎儿提前出生——如果人类胎儿要像其他灵长类胎儿一样发育成熟才出生的话，那么他们需要在母体里足足待够 18 个月，而不是现在的 9 个月。所以，“早产儿”的存活与成长，就必须需要母亲的全时照顾和父亲的持续资源供给。因此，婚姻本质就是契约，一个如何让早产儿得以成长，人类得以繁衍的男性与女性共同签订的契约。而契约，则是文明社会最根本的基石——基于契约，家庭组成部落，部落演变为城市，城市连接成为国家。复杂的社会群体由此而生，我们也从动物变成了人。

所以，当露西从树上爬下，在非洲的大草原上直立行走时，未来人类的亲密关系与爱恨情仇、社会文化的纷繁多样与冲突妥协，就此展开浩瀚无垠的画卷。这本书将聚焦在与“我”最为关联的亲密关系：爱与性、婚姻与家庭。

本书分为三章，由多个小节组成。每章相对独立，可随机阅读。

第一章从进化心理学的角度来探讨美的定义，以及女性和男性的择偶标准。这里，我们将从基因的视角（第一节：美的力量），解释为什么女性偏爱年长的男性，而男性却正好相反；为什么女性最好的体型是沙漏形而男性则追求倒三角形；为什么美的脸是平均脸，而神奇的腰臀围之比 0.7 意味着什么？进一步，当我们摆脱进化在我们身上留下的印记，去关注另外一半的内在品质时，我们发现女性和男性的择偶标准真是天差地别：女性要求男性有资源、有地位，要求男性上进、勤奋、成熟、稳定（第二节：寻找白马王子）；而男性则只求女性年轻漂亮即可（甚至这一点也可以放弃，见零点效应）（第三节：旦为朝云，暮为行雨）。女性挑剔、男性宽容的背后是女性拥有生育资源并在后代抚养中投资更多，是进化中的富人，而男性却一无所有。所以，为了反抗女性作为“富人”的“挑三拣四”，男性发展出了马基雅维利主义式的操控技巧（PUA）；而为了对抗男性的“渣男体质”，女性报之以“红杏出墙”，让男性纠结于处女情结之中。所以，人类的进化史，本质上是男性与女性围绕后代繁衍的背叛与反背叛的历史，难怪我们需要日益增大的脑容量来应对这零和博弈。但是，当我们的脑容量越来越大，理性与意识开始萌芽，行为开始更多地被大脑的理性而不是基因的兽性所驱动。于是，“我”开始成长为“我们”——在家族、宗教或法律的见证下，男性与女性正式进入了两人的世界：婚姻。

第二章将展示婚姻的前世今生。从进化的角度上看，婚姻只是繁衍后代的副产品，而非爱的升华。但是，人之所以为人，是人能够超越进化的宿命，选择自己的前进道路，将婚姻与爱连接在一起。这时，婚姻便从满足生存需求的“制度化婚姻”演变成满足安全感、爱与归属的“伴侣式婚姻”，直到今天的通过情感联结以实现自我表达、自我尊重和自我成长的“自我表达婚姻”（第一节：婚姻的本质）。但是，人类有文字记录的历史只有5200年左右，相对于300万年左右的进化，我们还太年轻，我们犯了很多错误——我们误认为激情之爱会浇灌出美满持久的婚恋，包办婚姻只是历史的遗毒。事实上，居高不下的离婚率并非是现代人对婚姻的失望；相反，这只是我们在追求更美好的生活，在表达我们的自由（第二节：自我表达）。当20世纪下半叶人类解决温饱之后，一种新的生活方式开始涌现——在稳定的、富有安全感的生活之外，是心理富足：一种充满变化、跌宕起伏的非传统的、不稳定的、不妥协的自我表达的生活。当心理富足的需求与婚姻相结合，伴侣的作用就不再仅仅是提供资源或者安全感，而是“因为你的存在，让我想成为一个更好的人”。这时，有效沟通与真诚理解就成为保持稳定积极婚恋的关键。

第三章以同理心为中心，讲述自己与他人、自己与自己的沟通技巧。长久的亲密关系并不是简单的伴侣花多长的时间来相处，而是要用心经营（第一节：经营爱情）。健康的亲密关系应当是“安全依恋型”，即心意相通、性的亲密、平等地给予和获取情感与物质资源；更进一步的积极的亲密关系，则需要自我表达并倾听对方的困惑、感伤、喜爱和梦想，并给予积极的回应。而这一切，就需要同理心（第二节：你在，故我在）。同理心是高情商的表现，是建立联结，而不是像同情心一样，仅仅旁观。同理心帮助我们从他人的视角来看问题，用来发现我们和别人的不同。同时，它还可以向内来帮助我们去认真聆听自己，信任自己，成为一个更好的我。通过保持好奇心、积极倾听和转换视角等方法，我们可以提升我们的同理心来建立更为健康积极的亲密关系；更重要的是，用同理心来倾听内心的呼唤，让我们找到美好的生活。

自从露西决定与古猿分道扬镳，直立行走迈向未来的人类文明时，也许会有一个问题萦绕在她的心头：“成为一个人究竟意味着什么？”

亚里士多德说：“人天生是社会性的动物。”的确，没有一个人能够自全，是与大陆隔离的孤岛。只有通过与他人的联结并形成亲密关系，才有今天的人类，而我们个体也才变得完整。但是，正如心理学家特沃斯基说：“人本身并不复杂，复杂的是人与人之间的关系。”亲密关系又带来了背叛、冲突和受伤。

在美国作家威廉姆斯的童书《毛绒小兔》里，毛绒兔问她的好朋友老皮马，怎样才能变成一只真正的、有血有肉的兔子。

老皮马回答道：“真实并不能被制造出来；它只会自然而然发生——当一个小朋友非常非常地爱了你很久很久——并且他不只是想和你玩，而是真正地爱你——那么你就会变成真实。”

毛绒兔问道：“那我会受伤吗，会痛吗？”

“有些时候，会的。”老皮马诚实地回答道，“但是如果能变成真的，你是不会介意这些伤痛的。”

“那这是一下子就发生的吗？”毛绒兔问，“还是一点一点慢慢地发生的？”

“不会是一下子发生的，”老皮马慢慢地解释道，“这需要很长的时间。这就是为什么真实通常不会发生在那些或朝三暮四而轻易分手，或棱角锋利而不知妥协，或敏感脆弱而需要时时照料的人身上。一般来说，等到真实终于降临的那一天，你的大部分毛发已经脱落，眼花耳聋，关节不再灵便，而容颜也不再光彩如昔。但是，这都不重要，因为一旦变成真的，你就永远不可能是丑陋的了，除非他不懂你的爱。”

CONTENTS 目录

PART 1 第一章

寻找另一半

01
始于颜值：美的力量

2000 年 10 月的一天，一位程序员詹姆斯·洪和他的好友吉姆·杨正在加利福尼亚州硅谷的一家酒吧里喝啤酒，打发无聊时光。吉姆谈到他在聚会上碰到的一个漂亮女孩时突发奇想，说如果有一个网站，可以让更多的人来评论一下这个女孩有多吸引人，那该多有意思。

当时正好是硅谷的第一次互联网创业浪潮，于是詹姆斯和吉姆说干就干，很快就建好了网站，用户可以自行上传照片并对网站上其他女孩的外貌进行评价和打分。网站上线时，只有很少的10 张照片，而网站的服务器就放在了吉姆的大学宿舍里。他们给网站取了一个抓人眼球的名字：amihotornot.com（Am I Hot or Not，我漂亮吗？）

网站一上线就立刻失控——24 小时之内，网站的浏览量超过 15 万人次；两个月之后，网站每天的浏览量已达到 1500 万人次，入选了尼尔森“25 个最具广告价值的网站”名单。很快这个网站就以 2000 万美元的价格被收购了。

如果你认为 2000 万美元让詹姆斯和吉姆大赚特赚，那你就错了。2003 年，一位哈佛大学计算机和心理学双修的本科生模仿了这个创意，建立了一个网站并上传了哈佛大学学生的证件照，然后让大家根据这些照片的颜值进行比较排序。几天之内，巨大的访问量冲垮了哈佛大学的网络系统，让他意识到了这个网站的重大商业价值。三个月后，他将这个网站升级，最终成为世界上最大的社交网站。这个网站就是 Facebook.com ；这个跟风者，就是当今世界的互联网巨擘——马克·扎克伯格，而 Facebook 的市值已经超过万亿美元。

为什么评论别人的样貌会让人如此着迷？如果说是我们从对他人的样貌的冷嘲热讽中获取快感，那么对当下时事的点评会更让我们一展“才华”。其实，詹姆斯和吉姆当时的灵光一现，反映的是我们的大脑对他人由体形、外貌等构成的性吸引力的兴趣。这兴趣编码在我们基因之中，是为了解决“寻找一个合适伴侣”这一千古难题。

颜值即正义

正如网上的一句流行语："你长得这么好看，说什么都对。"人类的确是看脸的动物。我们不仅会因为一个人长得帅或长得漂亮，才会和对方有第一次的"亲密接触"。在其他方面，我们真的会认为，颜值即正义。

在美国，一位名叫卡梅隆·赫林的21岁小伙子，在限速72公里的路上开出了162公里的时速，撞死了一对正在过马路的母女。法院判处他入狱24年。小伙子的家境富裕，父母为他请了阵容强大的律师团，甚至精神病医生来为他开脱，说他年纪太小，前额叶发育不完全，因此行事冲动，但是却没有任何效果。

出乎意料的是，他的英俊长相在网上帮他吸引到了无数"颜粉"；而这些"颜粉"纷纷为他"寻求正义"！有人为他求情："从他的眼睛就能看出他有多么自责、受伤和疲倦，害死两个人对他来说也不好受啊。"有人帮他脱罪："要是他真开得那么快，婴儿车怎么还没被撞烂？"还有人把他修图修成天使，说他"无辜”“判 24 年太过分了”。在美国白宫请愿网站上，已经有超过 2 万人的签名为他求情，请求轻判或免罪。

图 1-1　卡梅隆 · 赫林

不仅“无脑”的粉丝如此“颜控”，甚至宣称理性至上的法官也是如此。东卡罗琳娜大学心理学家卡斯特罗教授在对性骚扰案件的研究中发现，如果嫌疑人长得比较丑，那么他被判有罪的可能性就高，而如果嫌疑人长得比较帅，那么他被判无罪的可能性就比较高。也就是说，长得丑是性骚扰，而长得好看，就是两情相悦。

更糟糕的是，如果让大众来根据一个人的长相来判断这个人是聪明的还是愚蠢的，是有趣的还是无聊的，大众通常会认为那些长得好看的人，有更好的内在品质，例如：聪明、有趣、有雄心壮志；同时，长得好看的人在事业上也会被判断为更加成功。心理学家将这个现象称为“光环效应”，即一个长得好看的人会自带光环。

更匪夷所思的是，这些颜值高的人，在现实生活中，真的就是更加聪明、更加有趣、更加有雄心壮志、更加成功！心理学家分析，可能是因为这些长得好看的人经常是众人关注的焦点，会获得更多的关注，因此他们有更多的社交机会，从而获得了更多的练习来打磨他们的社交技能。于是，通过频繁的社交，他们会变得更加机智和风趣。同时，因为他们的社交网络更为广泛，因此在事业上也会有更多的机会，最终导致他们的成功。

所以，围绕“如何变美和变得更美”的产业必然有巨大的商业利润。事实上，现代广告业创造出了一个完全由帅哥和美女组成的，只存在于报纸、杂志、屏幕上的二维虚拟世界，而化妆品、整容行业为那些因外表的瑕疵或岁月的痕迹而焦虑的人提供了眼花缭乱的解决方案：从各种价格不菲的化妆品到对身体的折磨——注射肉毒杆菌、植发、抽脂、整容手术等。

一切为了美。

可是，什么叫作美？俗话说，萝卜白菜，各有所爱。美看上去不大可能有一个标准的模板。但是，在个体审美的差异之下，是人类审美的共性。而正是这共性，推动我们的祖先在三百万年前与猴子分道扬镳，进化成今天的我们。

美的共性：年龄、身材与脸

约会是男女交往的第一步，而对方的年龄则是影响是否去约会的一个重要因素。但是，男性和女性在这一点上会有很大的区别。男性通常会考虑这个女性的年龄是不是太大了而拒绝和她约会；女性则相反，她通常会考虑这个男性会不会太年轻了而拒绝和他约会。

在现实社会中，老妻少夫的情况比较罕见，而老夫少妻的例子则比比皆是。一个对四十个国家的系统调查也证实了这一点：无论是黄种人、白种人还是黑种人，无论是现代国家还是传统部落，无论是集体文化还是个体文化，无论是自由恋爱还是包办婚姻，婚姻中男性和女性的年龄都会存在差别，即男性的年龄大于女性的年龄。平均而言，未婚女性希望未来丈夫的年龄比自己大3.42岁；在已结婚人群中，从爱尔兰的2.17岁到希腊的4.92岁不等，新郎平均比新娘大2.99岁。

当到达约会地点，对方远远地走过来，映入眼帘的是对方的体形。对于女性的美好体形，我们会用婀娜多姿来赞叹。婀娜多姿的具体体现就是沙漏形体形——由宽肩、细腰、宽臀构成一个两头宽中间细的类似沙漏的体形。事实上，女性为了获得并保持沙漏形身材无所不用其极——紧身衣、腰带、抽脂手术等。对于男性的美好体形，我们则会用虎背熊腰来形容。虎背熊腰就是倒三角形体形的形象描述——肩宽、腰细、臀细。女性通常会认为有倒三角体形的男性的性能力强，同时在社会地位上也高人一等。

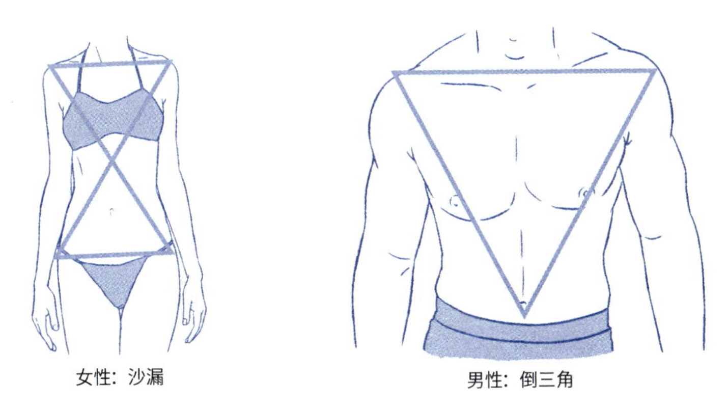

图 1-2 女性的沙漏体形与男性的倒三角体形

待两人坐下开始交谈时，双方的目光便牢牢地锁定在对方的脸上。英俊吗？漂亮吗？约会的双方此时便有了答案。大量的心理学研究表明，在得到答案的过程中，他们至少参照了两个标准：第一，脸的对称性；第二，脸的平均性。

脸的对称性是指每个人的左脸和右脸虽然高度相似，但是并非百分之百一样。如果左右脸的相似度越高，即左右脸越对称，那么颜值就越高。我们可以做个小的实验，来看看自己脸的对称性。首先，自拍一张照片；然后，用图像处理软件沿鼻子中线把脸剪切成左右两半；最后，把左脸镜像旋转 180 度，变成右脸，然后再把这张右脸与原来的左脸沿中线拼接成一个新脸。如果这张合成的新脸与原来照片上的脸差别小的话，那说明脸的对称度高，长得好看。

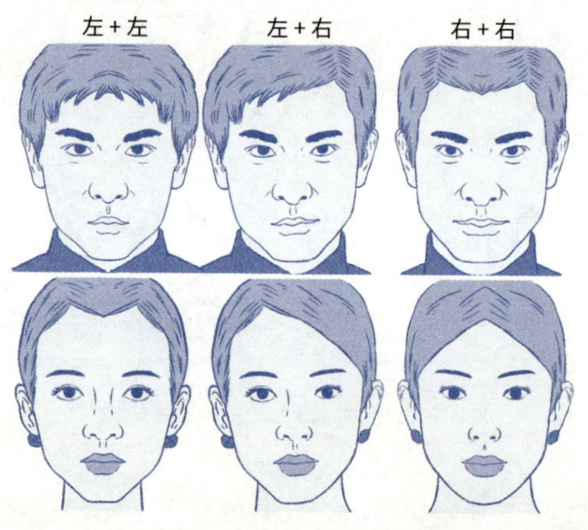

图 1-3 对称脸示意图。中间为两位明星的脸；左边的脸为两张左半脸拼接而成，右边为两张右半脸拼接而成。可以看出，即使是明星，他们的脸也不是严格的左右对称的。

平均脸并非指脸长得很平庸、普通，没有特色，而指的是符合人口学特征统计意义上的平均值。最早发现平均脸这一现象的是达尔文的表弟高尔顿。高尔顿当时正试图研究不同类型的人，如罪犯、肺病患者、英国人等的长相是否具有特征。为此，他发明了一种被称为“复合肖像画”的方法来研究不同类型的人的长相特征。具体而言，就是将同一类型人的面孔上的眼睛、鼻子、嘴等对准，然后叠加在一起，从而合成出了一个统计意义上的平均脸。1881 年，高尔顿向摄影学会的会员讲解他发明的“复合肖像画”时，大家惊讶地发现，当用于展示的多个男性肺结核患者的照片被叠加在一起时，结果得到的平均脸却是一张惊人的脸——这张脸的比例非常理想且符合审美标准，极为英俊。而且叠加的脸越多，就越英俊。

图 1-4　左：来自公司股值过万亿美元的 CEO 马克 · 扎克伯格、拉里 · 佩奇、埃隆 · 马斯克和杰夫 · 贝佐斯的平均脸

与年龄类似，人类对美的体形和面部特征的定义也具有跨

文化、跨种族的一致性。哈佛大学人类学研究学者阿皮塞拉到坦桑尼亚找到了与世隔绝的、仍处于狩猎采集原始生活方式的哈扎人。整个哈扎部落只有不到1000人，男人负责狩猎和采集蜂蜜，女人则四处寻找野生块茎类植物、浆果和猴面包树的果实。阿皮塞拉用哈扎年轻人的照片准备两种类型的平均脸：一种平均脸由20张脸叠加而成，而另一种平均脸则只由5张脸叠加而成。结果表明，哈扎人一致认为由20张脸合成的平均脸要比由5张脸合成的平均脸更好看。与生活在文明社会的现代人一样，哈扎人也认为脸越平均，越美丽。

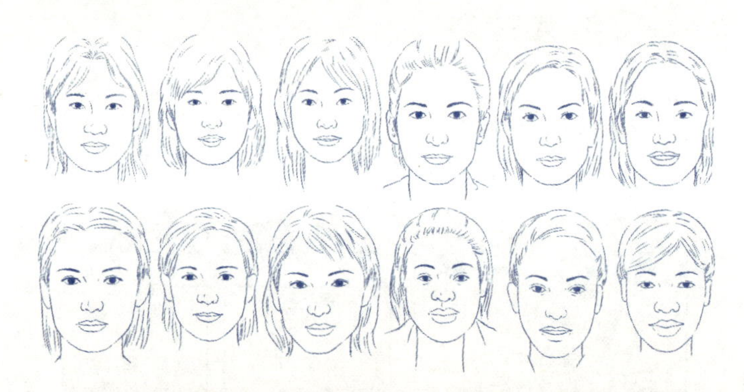

图 1-5 苏格兰格拉斯哥大学的心理学家使用了来自不同国家 / 民族的数百名女性的头像，合成了每个国家 / 名字的“平均脸”。

跨文化、跨种族的审美共性，暗示着对美的定义背后，一定有更深层次的原因。

进化心理学：美的定义来自进化

1859年，达尔文出版了《物种起源》（全名为：论依据自然选择即在生存斗争中保存优良种族的物种起源）。在这本书中，达尔文以“适者生存”为核心的进化论为他在全世界赢得了无比崇高的声誉。但是，达尔文却高兴不起来，因为他遇到了一个终极的焦虑——雄孔雀那造型夸张、华而不实、虚而无用的尾巴。这个难以用“适者生存”法则来解释的尾巴，让达尔文感叹道：“只要一想到雄孔雀的尾巴，我就反胃。”

在自然界中，并不缺乏具有靓丽色彩的动物。但是它们多半有毒，而靓丽的色彩则是明白无误的恐吓：“离我远点，否则你会被毒死。”而那些没毒的动物则用靓丽的色彩来模仿这些有毒的物种，狐假虎威，欺骗它们的捕食者。但是，雄孔雀的靓丽尾巴则与它们都无关——它只有一个功能，那就是炫耀。一个消耗极大能量、不便于行动以逃避天敌的巨大无用的尾巴，在“适者生存”的进化论看来，只能是累赘，完全不符合物竞天择的自然选择理论。从进化的角度上讲，雄孔雀美丽的尾巴，还有夜莺悦耳的歌声、马鹿精巧复杂的角、山魈五彩斑斓的脸等特质的产生和维持都需要耗费巨大的能量，所以它们所带来的好处一定要远远超过机会成本——拥有它们的好处一定要高于因为拥有它们而带来的损失。但是，让达尔文困惑的是：这个好处是什么？

图 1-6 孔雀的尾巴、马鹿的角和山魈的脸

也许是同时期的裴多菲“生命诚可贵，爱情价更高”的诗句启发了达尔文。1871 年，在《物种起源》出版十二年之后，达尔文“扔下的另一只靴子”（生物学家威尔逊语）——《人类的

由来及性选择》出版。在此书中，达尔文提出了“性吸引力”这一概念，给自然选择理论打了一个非常重要的补丁。达尔文天才地想到，动物除了生存之外，还有一个更加重要的使命，那就是繁衍，让生命不停地流动。所以，达尔文猜测这些看上去华而不实的装饰性特征与繁衍密切相关，能够提高交配产生后代的机会。于是，达尔文把雄孔雀那明显与生存无关甚至危害生存的尾巴称为第二性征。同样，男人的胡须与低沉的声音、女人的乳房与丰腴的皮下脂肪，也都是第二性征。它们与生存无关，但是它们却像磁铁的南极和北极，深深地吸引着异性。这正如科学研究发现，如果将雄性动物阉割，可以改善他们的健康状况，显著延长它们的寿命，可是又有谁愿意像这样生存着呢?

地球上的所有生物，都是自然选择的产物。从进化的角度看，每个生物个体其实都是容器——存储了从上一代那里接受并要传递到下一代的基因；而这基因如奔流不息的江河，永无止境地追求对自身的延续和升级。所谓“适者生存”指的是那些生存力更强、繁殖力更强的个体才是大自然的宠儿，即能提高繁殖效率和成功率的基因在竞争中淘汰了不具备这些本领的同类。所以，如何甄别并获得潜在伴侣的繁殖能力成为每个个体需要发展的核心技能。具体而言，正如一首探戈舞曲需要两人共同完成，一个个体的基因要完成复制，也需要来自另外一个个体的基因（有性繁殖）；而另一个个体的基因最好是健康的、优秀的基因，而不是携带各种致病因子的基因。

当雄孔雀展开它华丽的尾巴，夜莺发出美妙的声音，它们真正想表达的是："选我，选我！我有绝佳的基因。搭配上我这优质的基因，你的基因也能因此而永存。"这些性吸引力的特质，是高质量伴侣的有效信号，因此获得繁殖的机会就越高。

人类也不例外。基于达尔文进化论的心理学——进化心理学试图从人类进化的历史来理解我们当下的行为。与动物类似，从进化的角度上讲，人类的核心任务不是创造文明、推进社会，而是传宗接代，让基因永存。因此，男欢女爱、两情相悦的唯一目的是要挑选一个能最大化后代生存能力和繁殖能力的配偶。基于这个目的，我们的审美价值体系必然要服务于基因传递这一任务。

平均脸与对称脸：好的基因

中世纪的欧洲王室之间强调贵族血缘统治，于是近亲之间频繁结婚，由此结下了不少恶果。法国国王菲利普四世娶了他的外甥女，生下的儿子查理二世是一个畸形儿；英国女王维多利亚跟自己的表哥结婚，生下的九位儿女与欧洲各国王室婚嫁，成为欧洲王室的噩梦：维多利亚最小的儿子、普鲁士家族和沙俄尼古拉二世都是血友病患者（血液中缺乏凝固蛋白，很小的伤口都可能因血流不止而致命）。因近亲结婚最惨遭恶果的还要数曾经在欧洲历史上影响最大、统治面积最广的哈布斯堡家族。病态的基因在哈布斯堡家族的显现就是大名鼎鼎的哈布斯堡下巴：巨大无比的下巴配以突出的下颚、外翻的嘴唇和突出的前门牙。最大的受害者是卡洛斯二世——他在出生时就存在身体畸形、脑部积水和癫痫；他的嘴甚至都包不住舌头，无法咀嚼，无法自助进食，智商也极其低下。最后，哈布斯堡王朝因为子嗣孱弱，王朝随之凋落。

图 1-7 西班牙哈布斯堡王朝的最后子嗣卡洛斯二世（左）和他的曾曾祖父查理五世（右）

因为自然选择的作用，绝大多数由基因突变所引发的遗传疾病是隐性遗传，即只有当个体携带双份该基因时（纯合子），该遗传疾病才会发作（显性表达）。而近亲之间的基因非常相似，因此出现纯合子的概率要远高于非近亲结婚，因此后代在身体健康和智力发育上都面临更多的风险。这在遗传学上称为“近交衰退”。我国在先秦时期就已经意识到近亲结婚的危害，提出“男女同姓，其生不番”“同姓不婚，惧不殖也”等“五服不婚”。

所以，基因是越杂越好，这在遗传学上被称为基因平均杂合度高。也就是说，基因平均杂合度越高，等位基因的混合程度越高，遗传疾病发病的风险就越低。同时，基因平均杂合度越高还意味着基因的多样性越高。人类的进化历史也是与数不胜数的威胁人类身体健康的寄生虫、细菌和病毒相抗争的历史。要对抗病菌不断进化的脚步，基因的多样性程度越高，抵抗疾病的手段也就越丰富。所以，基因平均杂合度越高，也就意味着免疫系统越强大。

但是，我们如何判定一个人的基因平均杂合度的高低呢？大自然真的是很神奇，它把我们的基因图谱通过我们的长相明白无误地展现出来。是的，我们的脸就是我们的基因图谱。

研究表明，脸越接近平均脸，基因平均杂合度就越高。也就是说，脸长得越平均，就意味着越少的患先天遗传病风险、越强大的对抗后天疾病的免疫系统。因此拥有平均脸的人身体更健康，寿命更悠长。体现在审美上，我们会觉得平均脸帅气、漂亮。所以，我们对美的追求，其实是对健康基因的追求。

当然，仅仅拥有好的基因是不够的。我们的脸就像一纸征婚广告，上面不仅展示了我们的家世，即遗传自父母的基因，还有我们的成长历程。而脸的对称性则是对成长历程的忠实记录。

古希腊哲学家毕达哥拉斯曾宣称：“美的线型和其他一切美

的形体都必须有对称形式。”在自然界，人体、动物体、植物叶体、昆虫肢翼均为对称型。但是，如果仔细观察的话，我们会发现自然界中任何对称的生物都有或大或小的不对称。生物学家将这个现象称为波动不对称性，即对完全对称的随机偏离。进一步研究发现，造成不对称的主要来源是寄生虫、病菌等的侵袭。因此，波动不对称性越低，表明生物所成长的环境越好，发育的稳定性越高。

脸上的伤疤、瘢痕不仅暗示着主人成长的恶劣环境，不对称的脸型背后还暗示了体内寄生虫和病菌肆虐的后果——麻风病等各种感染可能夺去一大块皮肤、一只眼睛甚至整个鼻子。面部的不对称揭示的是个体在成长过程中的坎坷与苦难。所以，寻找对称的人脸，目的是寻找在环境压力下更能生存的“高富帅与白富美”。

所以，拥有对称脸和平均脸的人，他们的基因含有更少的致病基因，对病菌和恶劣环境的抵抗能力也更强，同时也拥有更适宜的成长环境。这些特性有如孔雀的尾巴和夜莺的歌声，正大声宣称：“我携带的基因无比健康，我成长的环境无比顺畅。来找我吧！你的基因与我的基因相结合，能产生更加健康的后代，从而让你的基因能够永存！”

显然，约会的一方也知道另一方对平均脸和对称脸的偏好。所以，约会的场所通常是灯光昏暗，双方也都会精心化妆打扮——用修容粉来修饰肤色，用阴影粉来修饰脸部轮廓等。但是，“魔高一尺，道高一丈”。这个时候，我们会像蜥蜴、老鼠一样用嗅觉而不是视觉来分辨脸的对称性。

心理学家让男性连续几天穿着同一件 T 恤，将其体味留在 T 恤上。然后心理学家让女性去闻 T 恤上的味道，来判断这个气味是好闻还是不好闻。结果显示，女性认为味道好闻的男性，他们的脸也更加对称；而那些味道不怎么好闻的男性，他们脸的左右对称性就会差不少。更加让人惊讶的是，女性通过嗅觉来判断脸对称性的准确度与她们的生理周期有非常高的相关性。当女性处在排卵期时（生理上的受孕期），她们通过气味判断男性的脸对称性的准确度最高；而当女性没有在受孕期内，她们的准确度就接近随机水平了。

从进化心理学的角度来看，一张美丽的脸就如甜食一样甜蜜而诱人。我们爱吃甜食，并不是因为冰激凌里蕴含着甜蜜和幸福的感受，而是冰激凌等甜食里面充满了我们需要的能量，而自然界把我们对能量的渴望变成了我们对甜食的偏爱；苦和涩通常是水果未成熟甚至有毒的味道，因此自然界让我们厌恶而远离它们。当我们的味觉感受器与甜食相遇的那一刹那，大脑与快乐有关的区域便开始放电，让我们陷入愉悦之中，而愉悦又让我们去寻求更多的甜食。美好的容颜也是如此。

年龄与体形：指向养育行为的灯塔

对繁衍后代而言，找到好的基因只是第一步。含有健康的、优秀的基因的新生命的存活以及健康成长以便完成下一次基因传递，还需要充足的食物和细致的关照，即养育。所以，经过上百万年的进化，人类寻找的不仅仅是好的基因，还必须有好的抚养行为。而拥有好的抚养行为的特质，也内化成了美的定义。

达尔文观察到，对大部分物种来说，竞争的压力在雄性一方，他们必须和其他同性个体争夺接近雌性的机会。但是作为不能生育的一方，雄性只能在为后代的健康成长上表现出“投资”的意愿和能力，即男性是否能提供资源和财富来养育后代。

个人财富与多个因素有关，但是一个最常见的因素是年龄——财富会随着年龄的增长而增长。这是因为我们在不断地学习、不断地积累经验、不断地拥有更广的人脉，故而能够增加收入并同时积累财富。一份来自世界四大会计师事务所之一的德勤会计师事务所关于美国年龄与财富关系的报告——《我们正在变穷吗？年龄导致的贫富差距正在让年轻家庭落伍》中指出：在2016年，35岁以下的家庭净资产的中位数为1.1万美元，而35~44岁的家庭净资产的中位数为5.1万美元，45~54岁的家庭净资产的中位数为13.2万美元，55~64岁的家庭净资产的中位数为18.9万美元，65~74岁的家庭净资产的中位数为22.4万美元，而75岁以上的家庭净资产的中位数为26.4万美元。更重要的是，年龄大的人的家庭抵抗风险的能力更好。在2007~2010年美国的经济大衰退中，35岁以下的家庭的净资产平均每年下跌8.8%，而65岁以上的家庭却基本上毫发无伤。

中国的情形也是类似。虽然中国是发展中国家，而且随着互联网等新兴产业的兴起，年轻人获得和积累财富的能力正在急剧增强，但是，个人资产总值在5000万至10亿人民币之间，稳定年收入在100万元人民币以上的中国富豪的平均年龄是56岁，而50岁以下的富豪仅占中国富豪的22%。所以，年龄大的男性因积累了更多的财富，能够为养育后代提供更多的资源，所以被女性所青睐。

当然，年轻的男性也不是没有机会——因为他们充满雄性激素，具有更好的进取性，是潜力股。在身材方面，雄性激素水平高的年轻男性肌肉会更为发达；同时，身体各部位的骨骼增大，肩膀宽阔，腰部粗壮，呈倒三角形状。在行为上，雄性激素水平高的年轻男性更具有攻击性。例如，在被关押的罪犯中，犯有如谋杀、械斗等攻击性罪行的男子的血液中雄性激素的含量要远高于其他罪犯。而攻击性更强的男性，在远古时代显然意味着能够抢夺更多的资源。在现代文明社会，雄性激素高的男性则更多地活跃在社会活动、商业活动之中，变非法的抢劫谋杀为合法的商业竞争。

甚至，攻击性在男孩身上已经开始萌芽。男孩更喜欢搭建积木、开汽车和玩滑板等指向外部世界的行为，这正如一位教育心理学家所说："让我们面对这个事实吧，那就是男性喜欢摆弄东西，小到玩具机器，大到宇宙。"同时，男孩还具有更大的冒险欲。例如男孩将大毛巾披在肩上从高处往下跳，看看自己是否能像超人一样在空中飞翔。长大以后，雄性激素带来的冒险欲让青年男性喜欢挑战现存的体系——推翻年长男性的统治，是他们获取女性青睐的重要方式。

所以，无论女性是被年轻男性的倒三角体形所吸引，还是被年长男性积累的财富和地位所吸引，她们所寻找的都是养育后代的资源，更好的养育后代的行为。

在进化心理学家眼里，无所谓美与丑，只有适合传递的基因和不适合传递的基因。适合传递的基因，就是美的；而不适合传递的基因，则是丑的。所以，在表面上，我们拥有一双发现美的眼睛，而究其根本，“美”其实是基因驱动我们去寻找健康的、优秀的基因，去寻找好的养育行为的伪装。

质疑：美是文化而不是由基因所定义

进化心理学关于什么是美的论断，引发了多个领域，特别是艺术界、文学界、社会学界等专家的反驳。他们提出的文化假说认为：所谓美丑，是来自我们的文化传承和后天经验的塑造。

例如，《国家地理》杂志里有不同地域、不同民族、不同国家的美女。一个自然而然的结论是：为什么人类的审美会如此不一样！所以，什么是美，与成长的环境、文化和社会有更密切的关系。美，更多的是来自后天的影响。

支持文化假说的更直接的证据来自不同时期缪斯女神的雕塑和画像。来自公元前100年左右古希腊的缪斯女神的雕塑显示，美的体形是偏瘦的；而到了中世纪的17世纪和18世纪，画像中的缪斯女神就十分丰满了；但是到了19世纪和20世纪，画像中的缪斯女神的体形又重新变得纤细苗条了。在我国也有类似的例子：在春期战国时期，楚灵王好细腰，所以“宫中多饿死”；这种对瘦的偏爱在汉代发展到了极致，于是有了传说中能站在人的手掌之上扬袖飘舞的赵飞燕。但是到了唐朝，美又变成了对体形丰满的女性的偏爱，所以才有了“贵妃上马马不支”的杨玉环。

审美的变化甚至可以在更短的时间内发生——事实上，我们对美的定义可以说是随时都在变化。一个更直观的证据来自杂志《花花公子》的“当月玩伴女郎”。从1953年创刊到现在，《花花公子》从第二期开始，每期都要选一个“当月玩伴女郎”作为《花花公子》的封面。显然，这个“当月玩伴女郎”最能体现当下男性的审美观。如果把每一期的“当月玩伴女郎”按时间先后顺序放起来，就会发现男性在过去60年里对女性审美的很大转变：从早期对丰满圆润体形的偏爱，逐渐演变到现在对肌肉结实、轮廓清楚的体形的偏爱。

因此，文化假说的支持者推理：人类对美的定义，随时随地在改变，而我们的基因是不可能在如此短的时间里发生变化的。因此，对美的定义只能是来自文化。

真的是这样的吗？

变化中的不变：腰围和臀围之比

进化心理学家认为，对胖瘦体形偏爱的变化只是表象，而隐藏在这些变化中的不变，才是美的本质之所在。进化心理学家找到了这个不变，那就是腰围和臀围之比（Waist-to-Hip Ratio，WHR）。所谓腰臀比就是腰围除以臀围所得到的比值。腰围是经脐部中心的水平围长，在呼气之末、吸气未开始时测量；而臀围是臀部向后最突出部位的水平围长。医学研究表明，女性的腰臀比在 0.85 以下，就在健康范围内，但是却未必婀娜多姿。

无论是从古希腊开始的体形偏瘦的缪斯女神雕塑，到中世纪体形偏胖的缪斯女神画像，最后再到近代体形偏瘦的缪斯女神画像，她们的腰围和臀围之比都接近一个固定的数值，0.7！同样，《花花公子》中的“每月玩伴女郎”也是如此。心理学家辛格统计了从 1953 年创刊时“每月玩伴女郎”的丰满圆润体形到现在肌肉结实的体形的腰臀围之比，发现尽管“每月玩伴女郎”越来越瘦，但是她们的腰臀围之比一直维持在 0.68 - 0.72 之间，连“美国小姐”的桂冠得主也不例外。此外，玛丽莲·梦露、奥黛丽·赫本和辛迪·克劳馥这些被公认有好身材的女明星也有着0.7的完美腰臀比。

神奇的是，男性对0.7的腰臀围的觉察只需要一瞬间，而不是漫长的计算。例如，心理学家让男性被试观看女性的裸体照片，并用眼动仪记录男性的眼动轨迹。实验结果表明，男性只需要200毫秒就能将目光锁定在女性的腰臀部。如果女性的腰臀围之比是0.7的话，那么男性的目光将在这里停留更久的时间。同时，对腰臀围之比是0.7的偏好，并不是因为这些男性看多了《花花公子》；因为进一步研究表明，即使是天生的盲人，在用手触摸不同腰臀比的女性身体模型时，也会给那些腰臀围之比为0.7的女性身体模型打出更高的分数。

所以，无论是艺术家、杂志编辑，还是普罗大众，都在潜意识中将女性的腰围和臀围之比的0.7作为体形的最佳黄金值。可是，为什么是0.7？

当一个女性的腰臀围之比是0.7的时候，就意味这位女性处于黄金的生育年龄——她有更高的生育力，有最佳的雌性激素水平。特别是，这个时期，她对与怀孕相关的疾病有最高的抵抗力。例如，在怀孕时，孕妇容易得妊娠期糖尿病，即女性在妊娠前糖代谢正常，而在妊娠期才出现的糖尿病。妊娠期糖尿病会增高巨大胎儿的发生率、胎儿生长受限的发生率、胎儿的畸形率等，甚至导致流产和早产。但是，腰臀围之比在 0.7 的女性对妊娠期糖尿病的抵抗力最强。此外，具有这个体形的女性也最不容易患心血管疾病，出现子宫癌的概率也最低。但是，每当腰臀围之比降低或提升 0.1 个单位，也就是说当腰臀围之比是 0.6 或者 0.8 的时候，她的生育力就会下降 30%！这个结论，在排除了诸如年龄、肥胖程度甚至吸烟等干扰因素之后，还是成立的。

更重要的是，女性的腰臀围之比还会影响后代的智力。匹兹堡大学的拉塞克教授和加利福尼亚大学的戈兰教授测量了不同腰臀围比的 1.6 万名女性生下的孩子的智商。在仔细排除了人种、教育背景、家庭收入等干扰因素的影响后，他们发现腰臀围之比在 0.7 左右的女性的孩子的智商得分更高。进一步的研究表明，这与女性体内的欧米茄 -3 不饱和脂肪酸（即 DHA）有关。

DHA 广泛存在于深海鱼油中，它不仅有抗动脉粥样硬化的作用，更重要的是，DHA 还是促进大脑发育成长所必不可少的物质。在神经组织中，DHA 约占其脂肪含量的 25%，有助于大脑保持结构完整和发挥功能。随着女性进入青春期，含有 DHA 的脂肪开始在她们的臀部和大腿堆积下来，形成男女之间在体形方面的差异。这种臀部和大腿脂肪直到女性妊娠晚期才会用到，给婴儿的大脑发育提供关键的营养。所以女性的臀部和大腿的丰满非常重要。而腹部的脂肪存储的则是饱和脂肪，它不仅与糖尿病、肥胖和心脏病有关，而且会抑制用于合成 DHA 的酶。所以，腹部脂肪越多，给婴儿大脑发育提供营养所需的 DHA 就越少。这就是为什么女性的腰部要细，不要有太多的饱和脂肪。纤细的腰身和肥胖的臀部就构成了黄金的腰臀围比 0.7。

一方面，燕瘦环肥，各有所爱，文化和经验影响了我们对胖瘦的偏爱；在另一方面，无论我们喜欢的是丰满圆润型的，还是纤细结实型的，我们都一致同意她们的腰臀围之比应该是 0.7——因为无论胖瘦，我们都需要具有最强生育力的女性来让我们的基因永存。

有趣的是，这个腰臀比对男性的体型美而言，也是成立的。只不过腰臀比不再是 0.7 而是 0.9。具有腰臀比为 0.9 的男性有更高水平的雄性激素，因此拥有更高的生育能力，同时也更加健康，而患前列腺癌和睾丸癌的概率更低。所以，具有腰臀比超过0.9的梨状体型（俗称啤酒肚）的男性，是不会讨女性的喜欢的。这也是男性在健身房里挥汗如雨的主要动机之一。

结语

不得不感叹一句，这真是看脸的社会。甚至六七个月大小的婴儿也知道看脸。心理学家发现，如果让他们看平均脸和非平均脸，这些婴儿会花更多的时间去注视平均脸。虽然他们还不能说出一句完整的话，他们还完全没有接受文化的熏陶和社会规则的教育，但是基因就已经告诉他们："这就是你将来要找的另外一半的长相，记住他们，寻找他们，和他们结合，因为他们有更好的基因！"

在古希腊，每到瘟疫或饥荒来临的时候，城邦都会选出最丑的居民作为祭品，称为 Pharmako。Pharmako 会被押着绕城游街，并被人们拿着荆棘鞭打。最后，Pharmako 会被驱逐出城，甚至被石头砸死、烧死或者被推下山崖。千年之后，雨果笔下《巴黎圣母院》中的钟楼怪人卡西莫多虽然品行高尚，但是因为长得丑，一直被当成怪物，最终也没有赢得艾斯美拉达的爱。卡西莫多最后在钟楼上绝望地咆哮："天厌弃啊！人就只应该外表好看啊！"

这就是为什么全球化妆品的年销售总额超过3000亿美元，为什么每100个韩国人中就有一个整过容，为什么在健身房里有那么多人举哑铃、练普拉提。美好的容颜与身材，给我们的工作、情感和婚姻等都带来了难以想象的红利。

但是，好的长相并不意味着好的品行、好的才华。号称“清朝第一美男”的和珅就是大贪官。更糟糕的是，看脸识人，甚至会导致悲惨的结局。美国著名连环强奸杀人犯泰德·邦迪，强奸了超过100名女性，杀害了其中的至少28名。受害的女性大部分是被他英俊的外貌所迷惑的。

我们的过去真是令人爱恨交织。一方面，它让我们通过“美”去快速寻找合适的配偶；另一方面，它却让我们偷懒而不去了解人的内在与品质。正如麦当劳快餐永远成不了大餐，人类终究不是基因的奴隶。我们对外在容颜的偏执与热爱只是我们过去几百万年进化史留下的遗迹；而要真正体验人与人之间的感情，找到灵魂伴侣，还需要我们超越基因的束缚，向内触碰对方的内心。

02

陷于才华：寻找白马王子

有一种长相类似麻雀的小鸟，叫作伯劳鸟。每当繁殖季节到来的时候，雄鸟就开始囤积蜗牛、老鼠、羽毛、布料一类的物品，从 90 件到 120 件不等。然后它会把这些物品挂在自己领地的树枝上，等待雌鸟的到来。雌鸟通常会看在谁的领地里挂出来的物品最多，就会与这只雄鸟交配。当心理学家拿走这只雄鸟的物品，放到另一只“一贫如洗”的雄鸟的领地里，这个时候，雌鸟就会转而投向这只拥有更多物品的雄鸟；而刚刚还是众多雌鸟追逐、但被心理学家搞破产的那只雄鸟就只会落得形单影只。

图 1-8　雄性伯劳鸟把捕食到的猎物（蜥蜴、蝴蝶）挂在木刺上来等候雌性伯劳鸟的到来

的确，财富也是一种性感。日本有项针对女性的调查，问“无业游民的帅哥与年收入 3 亿日元（约 500 万人民币）的丑男，你会选谁”，结果是 75.5% 的女人会选年收入 3 亿日元的丑男。在相亲中，除了两情相悦之外，女方还一定会盘问男方是否有房子、车子和存款。这种把“神圣”爱情物质化的行为并非“劣根”；事实上，对财富的偏爱是人类所共有的。一个在美国进行的调查表明，女性认为男性的收入要达到整个男性群体的前 30% 才可以接受。而另一个对 1000 多例征婚广告的分析发现，女性征婚者对男性经济资源的要求是男性对女性经济资源要求的 11 倍！

可见，美好的容颜只是在两性情感的起跑线上抢跑了半步；但是，这抢跑的半步，并不一定决定最终的胜者。在一些情形下，财富比颜值更重要。

当然，正如美貌一样，财富也并非一切。在四大古典名剧《西厢记》里，出身名门，针织女红、诗词书几乎样样精通的崔莺莺死活不愿意嫁给尚书的儿子，而是爱上了父母双亡、家境贫寒的穷书生张生。类似这样的场景在《聊斋志异》里也有不少。

那么是什么样的内在品质，让崔莺莺们不在意张生们的长相、不在意张生们的财富，而愿意嫁给他们呢？根据《西厢记》的描述，显然张生打动崔莺莺的是他的才华。

什么是才华？有科学的定义吗？这一节，我们从女性择偶的视角来看看一个“白马王子”应该具有什么样的才华？

白马王子的特征

想象一下生活在远古时期的人类祖先。能够生火取暖、狩猎捕食、躲避野兽、建造巢穴的男性才能给女性和后代提供足够的生存资源和保护；而如果女性找了一个懒惰的、暴虐的、不愿意学习各种生存技巧的男性，那么这位女性必将举步维艰。所以，女性祖先必须找到高效的方法和精准的标准来选择男性配偶，从而让人类得以繁衍。这些方法和标准，经过长期的演化，逐渐演变成现代女性定义白马王子的才华。

心理学家巴斯以“人们对于长期的配偶有些什么样的期望？”为题展开了一个跨国研究。研究对象来自 33 个国家共计 1 万余人，覆盖了世界上重要的种族、宗教和政体。下面是巴斯教授使用的调查问卷，你也可以尝试一下，看看你的选择偏好。

指导语：作为一个女性，请评价一下因素在选择恋爱对象或配偶时的重要性，如果你认为这个因素是：

· 必不可少的，打 3 分

· 重要的，但并不是必不可少的，打 2 分

· 你所希望的，但并不是很重要的，打 1 分

· 无关紧要的，或者根本不重要的，打 0 分

表 1-1

影响因素	重要性（0-3 分）
1. 擅长烹饪和料理家务	
2. 让人感到愉快	
3. 善交际	
4. 相似的教育背景	
5. 优雅、整洁	
6. 有较好的经济基础	
7. 贞洁（从未发生过性关系）	
8. 可靠	
9. 情绪稳定，成熟	
10. 希望有家庭和孩子	
11. 有较好的社会经济地位	
12. 长相好	
13. 相似的宗教背景	
14. 有抱负，勤奋	
15. 相同的政治背景	
16. 彼此吸引，相互爱慕	
17. 身体健康	
18. 有教养，聪明	

这是来自巴斯教授跨国研究的调查结果中，女性期望恋爱对象或配偶应具有特质的排序。

表 1-2

影响因素	女性眼中的重要性	
	排序	得分
1. 擅长烹饪和料理家务	15	1.28
2. 让人感到愉快	4	2.52
3. 善交际	6	2.30
4. 相似的教育背景	11	1.84
5. 优雅、整洁	10	1.98
6. 有较好的经济基础	11	1.76
7. 贞洁	18	0.75
8. 可靠	2	2.69
9. 情绪稳定，成熟	3	2.68
10. 希望有家庭和孩子	8	2.21
11. 有较好的社会经济地位	14	1.46
12. 长相好	13	1.46
13. 相似的宗教背景	16	1.21
14. 有抱负，勤奋	9	2.15
15. 相同的政治背景	17	1.03
16. 彼此吸引，相互爱慕	1	2.87
17. 身体健康	7	2.28
18. 有教养，聪明	5	2.45

对于女性而言，她们期望恋爱对象/配偶最应具有的特质是:“彼此吸引，相互爱慕”“可靠”“情绪稳定，成熟”和“让人感到愉快”。

排在第一位的是毫无争议的“彼此吸引，相互爱慕”，得分接近满分3分（2.87分）；事实上，这也是恋人会长期在一起的根本原因，无论这种吸引是来自外在的因素（容貌、体形、财富等）还是来自内在的因素。排在第二位到第四位的就是对人的个性特征，即人格的描述。“可靠”与大五人格（世界上最通用的人格模型）的“尽责性”维度有关，“情绪稳定，成熟”与大五人格的“神经质”维度有关，而“让人感到愉快”与大五人格的“宜人性”维度有关。“让人感到愉快”将专门在同理心一节分析，下面将具体解释“可靠”与“情绪稳定、成熟”。

可靠：上进、勤奋、坚持

即使是在远古时代，对男性的地位等级的定义就已经非常明确了。在四大古文明（苏美尔文明、古埃及文明、印度文明和中华文明）里都能找到“首领”或“大人物”这样的词。在与文明世界相对隔绝的印第安人的语言里，也有类似“大人物”的词。语言学上的证据表明，地位高的男性在不同的文化里都有出现，而且因为其重要性，所以有必要创造出专门的词语来描述他们。

女性对地位高的男性的偏爱，是因为地位高的男性更容易获得并拥有资源；因此，他们能够给后代提供更好的成长环境。而这种偏爱一直延续至今。心理学家在一项关于婚姻的调查中发现：女性认为男性在职场上的成功对婚姻十分重要甚至是必不可少的——如果 3 分是非常重要、缺一不可，而 0 分是完全不重要、可有可无的话，那么女性给出的是 2.7 分的高分！一个有趣的对比是：如果女性评价的是性伙伴，而不是婚姻里的丈夫，那么男性在职场上的成功的重要性就会陡降至 0.2 分，即完全不重要。由此可见，女性更多的是为了养育后代的资源而偏爱地位更高的男性。

遗憾的是，一项覆盖了从非洲的俾格米人到阿留申群岛的因纽特人的对 186 种社会形态的大规模婚姻研究表明，地位高的男性总是拥有多名妻子。换而言之，他们不缺女性，这是因为地位高的男性在婚姻中是买方市场。因此，女性会把更多的注意力投向那些未来有可能获得高地位的潜力股，而她们的判断标准主要有三个：上进、勤奋、可依赖。

在所有策略中，上进和勤奋是预测未来地位和收入的最有效的指标。一项在中国、保加利亚和巴西等国进行的调查表明，女性都一致地认为缺乏上进心的男性是最没有魅力的。在婚姻中，妻子也要求丈夫热爱工作、有职业规划和具有远大抱负。

不仅人如此，雌性动物也偏爱上进和勤奋的雄性动物。非洲草原的雄性织巢鸟在繁殖季节，会叼着一根根比它身体长几倍甚至十几倍的黄茅草飞行几公里甚至十几公里来编织窝巢。当巢织成之后，雄鸟会在入口处等待雌鸟的光临。当雌鸟接近窝巢时，雄鸟就会倒挂在窝巢的一旁，用力扑腾以展示自己窝巢的结实。

这时，雌鸟就会飞入窝巢，或推或戳以检查建筑材料是否牢靠。一旦雌鸟发现窝巢不符合要求，就会离去，继续寻找其他雄鸟的窝巢。有趣的是，如果窝巢连续被不同的雌鸟所拒绝，雄鸟就会推倒窝巢来重建更好、更结实的新窝巢。

需要特别指出的是，男性的上进和勤奋一定要用对地方。心理学家将男性和婴儿的照片放在一起，请女性来评价照片中的男性有多大的魅力。第一张是男性与婴儿互动，第二张是男性对哭泣的婴儿视而不见，第三张是认真打扫卫生做家务的男性，第四张是静静站立的男性。

可以预期的是，女性会认为与婴儿互动的男性比忽视婴儿哭泣的男性更有魅力——这是因为女性偏好愿意与她共同承担抚养后代责任的男性。但是这个实验真正让男性警醒的是，女性认为正在专心打扫卫生做家务的男性没有魅力，与忽视婴儿哭泣的男性没有区别，甚至远低于站着发呆的男性的魅力。俗话说，顾家的男人才是好男人，但是女性需要的“顾家”不是做家务，而是能为家带来资源，能够为家遮风挡雨。

当然，仅仅有上进和勤奋是不够的，因为在迈向事业成功的路上有太多的坎坷和挑战。此时，男性还需要持之以恒地坚持。一个不可预测、变化多端的男性，很容易错过唾手可得的资源。在远古狩猎的时候，在本该外出打猎时，却因为一些莫名其妙的理由突然决定不去了，或者猎物即将进入陷阱时却打了个盹，让本来有指望的食物打了水漂；在现代社会，在工作上碰到挫折时决定放手不干就此躺平，让之前的努力付之东流。坚持，往往比上进和勤奋更重要。这也是为什么心理学家认为一个天才除了要具备智力和创造力之外，还必须具备持之以恒、百折不挠的坚持。

歌曲《一无所有》中唱道："我要给你我的追求，还有我的自由。可你却总是笑我，一无所有。"其实，众多男性不明白的是，一无所有并非是女性嘲笑男性的原因。但是男性宏大但虚无缥缈的追求与放荡不羁没有自律的自由显然打动不了女性。她们所需要的，是上进、勤奋和坚持，一个面对未来的不确定仍然坚定向前的男性。

成熟：从我到我们

一个在事业上获得成功的男性觉得自己能够带回资源，所以时常觉得自己应该在两性关系中理所当然高人一等，应该得到女性的关注与尊重。加之人类普遍存在的“自我服务偏差”倾向，即把成功归功于自己的天赋与努力，而把失败归因于环境的不利与他人的干扰，所以男性常因为自我欣赏与自我关注而自恋。自恋的男性常常过度自我聚焦，觉得自己拥有值得他人敬佩和仰视的独特特质，因此时常要求女性无条件地顺从自己。

首先，自恋有积极的一面，凡事总是从积极的方面去寻找原因，因此容易持有健康的心态。但是，他们经常需要他人的关注、安慰和表扬，因此自尊心非常脆弱。所以一旦受到批评或挑战时，他们容易表现出攻击性，并试图通过贬低批评者重新获得自尊。但是，在现实社会中他们并不能时时得到满足，于是攻击性就转向亲密关系的另一方。

因为以自我为中心，觉得自己更“优秀”，他们习惯于独占资源，并霸占着另一方的大部分时间，同时也更容易有外遇；因为权力欲，他们表现出异于常人的嫉妒心，容易吃醋，要求另一方满足他们的所有要求，甚至看到另一方与其他异性说话都会发怒；因为脆弱的自尊心，他们往往更容易把过失归于另一方，或采用热暴力，恶语伤人、施展武力，或采用冷暴力，采用哭泣甚至自残来进行心理绑架。

情绪不稳定、不成熟的男性对女性而言，不仅无法提供稳定的资源支持，同时还消耗女方的时间和资源。所以，在巴斯教授的跨国调查中，虽然男性和女性都同样重视“情绪稳定，成熟”，但是女性明显比男性更看重这种品质——对所有文化平均而言，女性对这种品质的评分为 2.68，男性则为 2.47 ；而参与调查的全部 37 种文化中，包括中国文化在内的 23 种文化的女性对男性的这项品质尤其强调。

所以，男性从男孩变成男人，并不仅仅是知识的积累或者技能的掌握，更多的是心理上的成熟，从以自我为中心，逐渐习得从他人的视角来观看问题并应对问题，从“我”成长为“我们”。

亲代投资理论：进化中的富人与穷人

既然女性对男性要求这么多，那么男性对于女性的要求呢？女性要求男性有资源、有地位，而男性对女性则没有这个要求；女性要求男性上进、勤奋、成熟、稳定，而男性对女性的撒娇、任性、脆弱却是非常宽容。在下一节，你将看到，男性除了性之外，对女性并没有过多的要求。那么，为什么男性如此宽容和厚道？

这并非是男性天生的宽容和厚道，而是不得不如此。因为在进化中，女性拥有宝贵而稀缺的繁殖资源，是天生的富人；而男性则是一无所有的穷人，因此不得不通过资源的获取来弥补先天的不足。

首先，男性一生中可以产生上万亿个精子，每小时大约可产1200万个，而且每一个精子都可以发展成为一个独立的个体，所以是廉价和近似无限的；而女性一生中产生的卵子数量约为400个，数量有限而且一个月只产生一个，所以是昂贵和稀缺的。其次，在繁衍后代的过程中，男性和女性付出的机会成本是完全不一样的。在一次性生活之后，男性所付出的，只是几十分钟到一天就能产生一个后代；而一旦女性怀孕了，那么也就意味着她将在 9~18 个月之内，不能再产生下一个后代。同时，孩子的早期养育也主要是女性的职责——在某些地区，仅仅哺乳期（母乳喂养）就长达四年之久。最后，为了繁殖后代，女性还将面临一系列威胁身心健康甚至生命的疾病和危机。在怀孕期间，有 15%~20% 的女性会患妊娠期糖尿病；在分娩时，即使在现代医学发达和普及的时代，平均每一千名孕妇中就有 2.8 人会死于难产；在产后，有 15%~30% 的女性会出现明显的抑郁症状甚至典型的抑郁发作。

怀胎、分娩、哺乳、抚养等都是格外珍贵的繁殖资源，而最浅显的经济学理论告诉我们，拥有宝贵资源的一方是不能随便付出的。所以，拥有更多宝贵稀缺资源、同时对后代投资更多的女性，自然就要对基本上完全不付出的男性要更加挑剔。显然，自然选择也更青睐那些对男性更挑剔的女性——如果女性随意地选择男性，那她们将会付出惨重的代价：繁殖成功率更低，她们的后代也更难存活到生育年龄。

基于这个观察，进化生物学家特里夫斯教授在达尔文的性选择理论基础上，提出了“亲代投资理论”。亲代投资理论认为，交配策略由雄性和雌性为其后代的生存和繁衍投入的相对资本而决定，而对亲代投资量大的个体就是稀缺资源。在包含人类在内的大多数物种中，雌性所投入的资本要远大于雄性。因此雄性会有更大的竞争压力——他们必须和其他雄性争夺接近雌性的机会，所以他们不仅肌肉变得更加发达，同时也变得更加富有计谋。为获得异性，他们付出的可不仅仅是财富，甚至还有生命。这也是为什么打斗和凶杀总是在男性之间发生。

在人类考古学上发现的最早的凶杀受害者是一个生活在大约 5 万年前的尼安德特人。在出土的骨架上，受害者头骨的左边有一个很大的凹痕，明显是遭受钝器的敲打而导致的；在左边的胸腔上还插着一根矛头。事实上，在众多出土的受损骨架中，男性骨骼上的骨折和凹痕要远远多于女性骨骼。同时，伤口主要分布在头骨和胸腔的左前方，这说明凶手更多的是右利手。

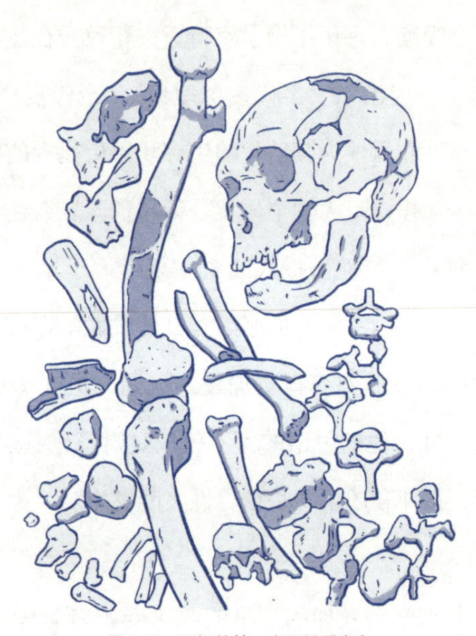

图 1-9 已知的第一个凶杀受害者

从这个角度上讲，人类的文明发展史，本质就是男性为了获得女性的青睐而争夺资源的血泪奋斗史。

被献殷勤的男性所环绕的女性则有更多的选择权利。性选择促使女性去选择那些从外表和行为上都展示出“优秀的基因”和“未来的好爸爸”的男性。优秀的基因通常意味着男性具有较高的雄性激素水平，因此肌肉型男在繁殖健康强壮的后代方面具有优势，但是这样的男性通常具有较高的暴力攻击性和不忠出轨的倾向，显然不是未来的好爸爸的候选人。所以，女性必须在这两个因素之间做一个平衡。

最能清楚展现这一点的是女性对男性是否有魅力的判断会随月经周期的变化而变化。处于卵泡期（月经周期的前半期，尚未排卵）的高受孕风险女性会偏爱更为阳刚的男性面孔，而正处于黄体期（已经排卵）的低受孕风险女性则没有这种偏爱。类似地，当女性被告知从男性中挑选短期性伙伴时，女性通常会选择具有明显男性特征的男性，而在挑选长期性伴侣时，她们则会选择“暖男”，即男性特征不是特别明显的男性，这是因为这些男性的攻击性较弱，更擅长合作，是未来的好爸爸的候选人。女性的这个偏好，其实也可以解释为什么流量“小鲜肉”看上去阳刚气不足，甚至“雌雄难辨”——这是因为我们当前的社会环境充满和平和安全，远离战争与冲突。

“型男”还是“暖男”，这是一个困难的选择。于是有些女性干脆就不做选择题。在拥有长期伴侣的同时，她们也可能会在排卵期出轨，与“型男”一度春宵。如果获得成功，这样的女人在进化上真是人生赢家——从“型男”那里获得遗传上的优势，再利用“暖男”来获得抚养子女的资源和承诺。

这正如美国人类学家萨拉·迪所说：“从某种意义上讲，雌性的择偶偏好可能决定了物种进化的方向。因为雌性是择偶行为的主宰者，她们决定了何时交配，和谁交配以及交配的频率。”

男性的对抗：马基雅维利主义式的操控

达尔文的性选择理论认为，雌性的择偶偏好决定了雄性在同性竞争中的内容和范围。所以，作为被选择的对象，男性对女性的择偶偏好明察秋毫，了如指掌。因此，远古的男性在争夺同一个女性时，多是以武斗的形式表现；而在现代，男性更像伯劳鸟一样，把自己的资源展现出来。大量研究表明，男性比女性更喜欢炫耀他拥有大量的资源。穿戴上的名牌西装和奢侈手表，以及看似不经意流露出的豪宅、豪车的照片被用来展现他的事业是多么成功，成就是如何惊人，正如雄孔雀的尾巴一样。而且，在自夸的同时，他也会大肆诋毁他的竞争者——竞争者是如何贫穷、没有上进心以及事业上不可能成功等。事实上，激怒一个男性最好的方法，就是将他与他的同辈进行比较——恋人、夫妻之间争吵的升级，往往是从“你看看张三，再看看你……”开始。

但是，并不是每一个男性都有足够多的资源值得夸耀，于是夸大甚至撒谎成为男性的自动反应。例如，面对漂亮女性时，心理学家鲁尼教授发现男性的认知适应器会自动激活——60% 的男性在描述自己时，认为自己“有上进心”；但是，当美女不在场时，就只有不到 9% 的人认为自己上进。甚至，仅仅是漂亮女性的图片也会启动男性的认知适应器——男性会认为自己更有创造力、更加独立，同时也更容易不服从命令，并更容易和其他男性发生冲突。

遗憾的是，夸大或者撒谎这些策略在短期性关系中是有效的；在长期择偶的情景中，显然是无效的，这是因为谎言只能欺骗一时，而不是一世。在这个时候，男性就更容易采用“马基雅维利主义”式的操控。

“马基雅维利主义”源于意大利外交官马基雅维利。马基雅维利看到统治者掌权又失势，王朝辉煌又衰落，于是在 1513 年写出经典论著《君主论》。书中完全抛弃了信任、荣誉和正直等传统价值观，而是以操控他人的策略为基础，向统治者如何获得并保持权力提出了建议。马基雅维利在书中写道：“人是如此简单，如此热衷于满足眼前的需要，因而欺骗者从不会缺少受害者。”这种以控制他人为目的的行为模式，被称为马基雅维利主义。

心理学家将马基雅维利主义拓展到社会交往之中，用于描述那些为了达到自己的目的而利用他人的行为和人格特质。这些马基雅维利主义者具有愤世嫉俗的世界观，认为罪犯与其他人最大的差异在于罪犯过于愚笨而被抓住。同时，他们在交往中将他人视作达到个人目标的工具，例如他们很少将做事的真实原因告诉他人，除非这样做有利于他们达成目标。此外，他们不信任他人，认为对他人的信任都是自找麻烦。最后，他们缺乏同理心，对他人的处境漠不关心，甚至认为他人所遭受的不幸都是他们应得的。

当今的马基雅维利主义者在一些场景里混得风生水起。一个对美林证券股票经纪人的调查发现：具有马基雅维利主义倾向的股票经纪人获得的订单是其他人的两倍多；在研究博弈的心理学实验中，具有马基雅维利主义倾向的大学生更容易从监督者那里偷到钱，而且偷到钱的数量远远大于其他人。这是因为他们不仅更愿意撒谎，而且还会主动操纵他人的信任与情感。当马基雅维利主义者把操控策略应用到两性关系上，这就是臭名昭著的PUA。

PUA 的全称是“Pick-up Artist”，直译是“搭讪艺术家”，最早起源于 20 世纪 70 年代的美国，目的是帮助男性通过系统化的学习与实践来提升其情商和社交能力，从而更快更高效地结交女性。美国作家埃里克·韦伯将这些经验和技巧总结成一本书《如何泡妞》，开启了 PUA 的亚文化。之后，美国导演詹姆斯·托贝克自编自导自演了电影《把妹艺术家》，使 PUA 广泛传播，并逐渐演化为男性对女性精神控制的马基雅维利主义式操控。

PUA 有很多门派，如基于神经语言学理论的“极速引诱”（Speed Seduction），基于生物进化论和马斯洛需求层次理论的“迷男方法”（Mystery Method），基于积极心理学和人际交互的“自大型幽默”（Cocky & Funny）和“社交动力学”（Real Social Dynamic）等等。但是它们的核心都是马基雅维利主义式操控，通过爱的表达 / 吸引、责任 / 被需要、孤立 / 契约、否定/ 自尊摧毁来最终实现情感绑架和精神控制。

具体而言，马基雅维利主义者首先会通过对爱的表达来吸引女性。他们或通过展现自己的魅力或者地位，或通过恭维或者送小礼物，或通过浪漫、充满爱意的行为来结识女性，让女性处于放松舒适、卸下防备的状态之中。第二步则是对美好形象的反转，激发女性的责任和被需要。正如一个美丽的花瓶被摔碎会引发惋惜、心痛的情感，刚刚建立起美好形象的马基雅维利主义者也会主动“暴露”出阳光之下的黑暗，如悲惨的童年、失败的奋斗、被欺骗的感情等。内在的“伤痕累累”同最初的华丽出场所形成的鲜明反差，能最有效地激发女性的怜悯心与保护欲，即“母爱”的变体。这是PUA的最关键一步，因为它让女性有了责任感，相信自己是其唯一的“拯救者”。责任感是一种奢侈品——大多数人终其一生也难以找到自身追求的目标所在，所以一些人以养宠物来获得责任感，而“拯救者”的定位恰恰填补了这个目标感缺失的空虚，让她们切实感受到了自己的“被需要”。同时，爱情也是一种奢侈品——很多人终其一生都未曾体验过真正的爱情。因此未尝过其中滋味的她们也很容易将PUA引发的怜悯与同情的畸形情感与爱情混淆，认为自己的任何付出，都是为了爱情。

当成功地激发了女性的“母爱”，马基雅维利主义者开始试图独占女性的全部时间和资源，并将她与社会隔离，使得她不能获得有效的社会支持与干预。此时，一些诸如“我们一生一世只有对方”这样看上去充满爱意的承诺，便迫使女性签订了一系列“契约”。例如，不能见前男友，对闺密和父母亲朋好友要少花时间，严重的还有手机要定时检查，等等。如果女性表示反对，马基雅维利主义者的即时惩罚便随之而来。开始的时候，是自我降低策略，即通过放低姿态、贬低自己，甚至哭泣来激发女性的软弱获得控制。在这之后便是冷处理策略，即通过不理睬与忽视、保持沉默和拒绝沟通等冷暴力的手段，来激发女性的妥协与宽容。自我降低策略与冷处理策略的背后是心理学的“煤气灯效应”，目的是摧毁女性正常的情感与认知。

煤气灯效应来源于美国在 20 世纪 40 年代拍摄的电影《煤气灯下》，讲述的是钢琴师安东为了得到宝拉继承自姑妈的钻石，把自己伪装成温柔而体贴的丈夫。因为宝拉曾经目睹过谋杀，于是安东以保护宝拉为名，使之足不出户。而每当宝拉一人独自在家的时候，夜晚房中的煤气灯忽明忽暗，同时房顶上伴有奇怪的令人毛骨悚然的声音；而灯光复明时，正是安东回家之时。于是宝拉不断怀疑自己、否定自己，最后成为在外人眼里是“精神癫狂”的精神病患者。心理学家把这种慢性心理中毒称为“煤气灯效应”。

当女性在社交孤立和“爱的”契约中慢性心理中毒之后，马基雅维利主义者就开始通过否定、批评、辱骂等胁迫策略甚至殴打等强硬策略去摧毁女性原有的世界观，让她在心理上完全依赖于男性，并逐渐相信，对方的好恶，就是卑微的自己活在世上唯一的价值体现。

此时，两性关系中的马基雅维利主义者便通过对女性洗脑，最终实现精神控制。此时，进化中一无所有的穷人，便成功窃取了进化中的富人的财富。

结语

正如亚里士多德所说“人是社会性的动物”，因此一旦进入社会，人必然需要处理人与人之间的关系，而男女之间的亲密关系，无疑是重要的社会关系之一。而男性和女性在这关系中的地位显然是不平等的。

女性拥有宝贵和稀缺的繁殖资源，因此在进化中必然处于挑选者的地位。但是这个选择并不容易，因为作为被挑选对象的男性，本身是一个复杂的多面体——男性在诸如身体素质、运动技能、上进、勤奋、亲和力、同情心、情绪稳定性、智力水平、社交技巧、幽默感、亲属关系、财富、社会地位等多个维度上存在差异，很难判断哪些维度更重要，哪些维度不重要。例如，两位候选男性，一位慷慨大方但情绪不稳定，而另一位情绪稳定但吝啬小气，那到底应该选择哪一位呢？此外，人本身也不是一成不变的，今日的穷小子明天也可能成为大人物，所以女性也必须懂得评估一个候选男性的未来潜力。因此不能只看他当前的情形，更要考虑未来的发展潜力。

作为被挑选对象的男性，一方面通过努力和奋斗向外获取更多的资源，向内变得更加可靠成熟，从而提升自己在候选人中的排位。同时，男性也试图通过操控女性来化被动为主动。

操控并不一定意味着恶意，因为人际关系、社会交往的本质就是一些人试图改变另外一些人。站在进化的角度，自然选择青睐那些具有操控力的人。有的被操控的对象是没有生命的，如建造房屋、制作工具、生产食物等；有的则是有生命的，包括狩猎、饲养动物、种植庄稼等。在漫长的群居过程中，人逐渐把操控对象扩展到同类，通过影响他人的心理和行为来操控他人，如传授知识、分享经验、安抚情绪，以及指示、命令等。这种操控让我们的社会变得有序，文明得以传承。

在男女亲密关系这个特殊的领域，操控更显得微妙。一方面，一方可以采用理性说服策略，即解释这样做的潜在合理性，从而让另一方这样做来达到目的，也可以采用快乐诱导策略，让另一方看到这样做该会多有趣。这样的操控，让夫妻合作共生，由两个独立的“我”变成“我们”。另外一方面，以肉体和精神控制为最终目的的马基雅维利主义者却将“我们”变成“主人与奴隶”。

虽然远古女性祖先的成功智慧给现代女性择偶提供了高效的和丰富的线索，但是男性也在进化之中。这正如一曲探戈，只有两者旗鼓相当才会有最美的舞蹈。

03

忠于人品：旦为朝云，暮为行雨

心理学家来到美国的一所大学，问男性大学生："如果你能够获得某种超能力或者实现某种愿望，那将会是什么？"

心理学家列出了48项的愿望清单，让这些大学生任意挑选，而且可以多选。在这个愿望清单上，有些愿望专注现实生活，比如处于热恋之中，比如有很多孩子，比如长寿；有些愿望比较魔幻，比如穿越古今未来的时间旅行，比如看透人心的读心术，比如和上帝在一起，比如成为拯救地球的超能英雄。遗憾的是，这些让人心动神往的愿望最多只有20%~35%的男性愿意选择；也就是说，没有任何一个愿望有超过半数的男性选择。除了一个例外。

有超过65%的男性选择了这个愿望："我想和谁发生性关系，就可以和谁发生性关系。"换而言之，男性对性伴侣的多样化期盼，远远超过谈一场轰轰烈烈的恋爱、穿越古今、拥有悠长的寿命和拯救地球等。

这个调查表明：性伴侣的多样化是男性的终极梦想。

随后的一个调查也得到了类似的结论。心理学家对未婚的美国大学生做了一个调查，询问他们在不同的时间长度里所希望获得的性伴侣数量。在一个月之内，男性和女性一样，都希望能有一个性伴侣。但是，随着时间的增长，男性和女性对性伴侣数量的期望开始出现显著的性别差异。在半年之内，女性期望的还是一个性伴侣，而男性则希望在半年之内能有 4 个性伴侣。随着时间线的进一步延长，这种差距会越来越大：在一生中，男性希望拥有性伴侣的数量是 18 个，而女性只希望 4~5 个就足够了。在这一点上，美国男性并不孤单。心理学家把这个研究拓展到了 52 个国家，也得到了完全一致的结论——平均而言，全球范围的男性在一生中希望有 13 个性伴侣，而女性只希望有 2.5 个性伴侣。

根据上一节提到的亲代投资理论，男性通过与数量众多的女性发生性关系而获得的繁殖收益是显而易见的，即将自身的基因通过众多的后代来传递。虽然男性也可以从一而终，与一个女性生育众多的子女，但是，这个策略有两个明显的弊端：第一，女性漫长的生育周期会限制子女的数量；第二，子女的基因来源单一，缺乏多样性，因此适应能力偏弱。因此，从古至今，男性一直是偏好通过增加性伴侣的数量来增加后代的数量。

基于男性的这个偏好，一个显而易见的结论是：男性的择偶标准要远低于女性的择偶标准。在这一节，我们从男性的视角来看看男性的择偶标准。这个标准之低，可能要远低于我们的想象。

男性审美的源头：生育力

在评价一处风景是否优美时，我们通常会关注一些特定的线索，比如水源、植被、藏身之所等。这些偏好其实是生活在热带大草原的远古祖先通过基因留在我们身上的印记，因为这些线索有助于我们获得资源和躲避灾害，从而生存繁衍。类似地，男性对女性的审美，反映的也是人类在进化过程中女性的繁殖价值。

男性的祖先通过两种类型的外在线索来辨别女性的繁殖价值。一种类型的线索是外貌特征。例如丰满的嘴唇、清澈的眼睛、光洁的皮肤、亮泽的头发、灵巧的身体和匀称的体形。嘴唇饱满、大眼睛、腭骨薄、下巴小、颧骨高、嘴与腭骨的距离短等都是女性化面孔的标志，而女性化的面孔意味着与生育有关的雌性激素和卵巢激素的水平较高。光洁的皮肤表明她没有感染寄生虫或皮肤病，暗示她可能拥有能抵御疾病和感染的优质基因或良好的成长环境。另一个预示年轻和健康的线索是头发的长度和发质——年轻女性通常比年长女性的头发更长、发质更好。最后，前面提到的 0.7 的腰臀围之比，更是生育力的最优指标。

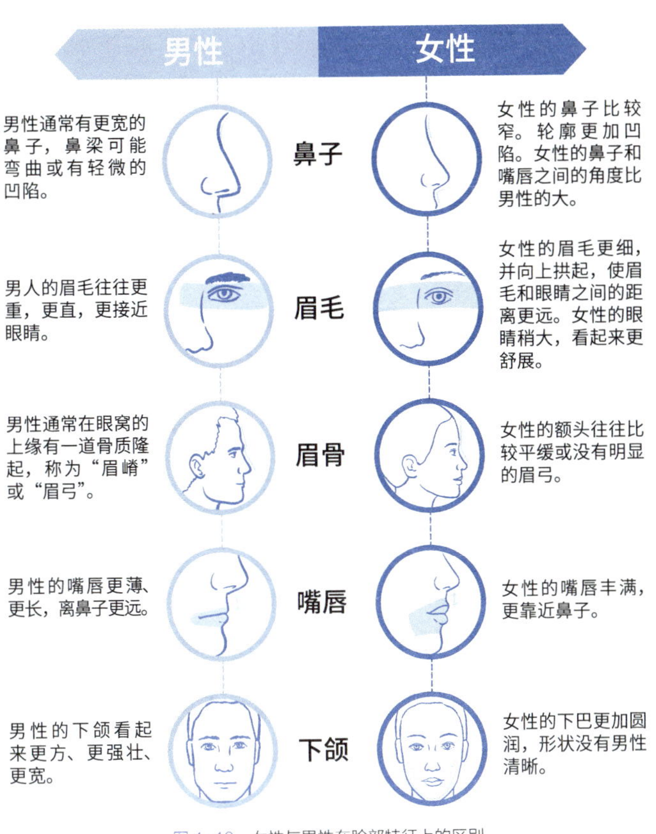

图 1-10 女性与男性在脸部特征上的区别

另一种类型的线索是行为特征。轻盈的步伐、生动的表情和充沛的精力等都是年轻的标志。例如，腿长不仅具有生物力学上的效用，让步伐变得轻盈敏捷，而且一项针对近万名中国女性的调查发现，腿长的女性能拥有更多的后代。这也许可以解释为什么女性喜欢穿高跟鞋，因为高跟鞋可以让她们的腿部显得更加修长。

这些美的线索已经深深地镌刻在男性的大脑之中。心理学家阿哈龙与艾柯夫采用功能磁共振脑成像技术，研究了异性恋的男性在观看美女照片时大脑的反应。他们发现，男性大脑的伏隔核变得非常活跃，而伏隔核是人类奖赏回路的重要组成部分，是大脑的快乐中枢——当人吸毒、酗酒、收到金钱，伏隔核都会激活。也就是说，当男性看见美女，大脑的奖赏中枢伏隔核就会发出奖赏的信号，让人沉醉在快乐之中。这正好印证了诗人席慕蓉在《酒的解释》一诗中把美女比作酒："如果你欢喜 / 请饮我 / 一如月色吮饮着潮汐 / 我原是为你而准备的佳酿。"有趣的是，当这些男性去看长相普通的女性、帅气的男性或者长相普通的男性时，他们的伏隔核则静若处子，完全没有激活。

更有趣的是，当心理学家明确告诉这些男性，照片里女性的沙漏形身材是通过抽脂手术而获得的，并非纯天然，男性的伏隔核依然会激活。由此可见，男性是一个纯粹的视觉动物，因为当前的视觉表象已经蒙蔽了他们寻找美女的初心。

那么在众多的视觉线索中，什么样的线索更为重要呢？

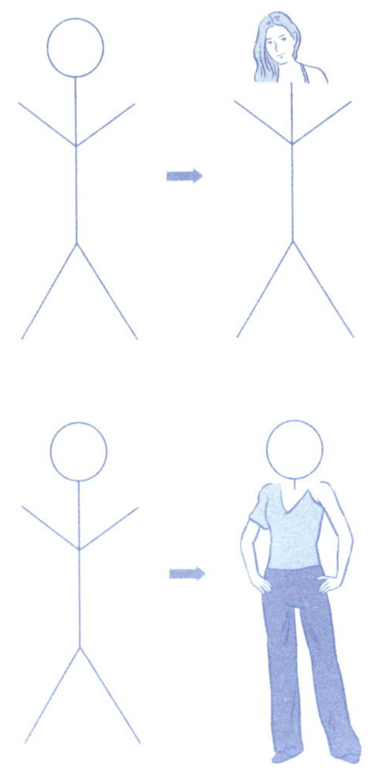

图 1-11　选什么？脸还是身体？

为了回答这个问题，心理学家让男性观看一张女性的图片，但是该女性的头部和身体分别被两张卡片挡住了。心理学家让男性只能移走一张卡片，然后根据显现出来的身体信息，决定自己是不是要与这个女性约会。那么男性究竟会选择看这个女性的脸呢，还是这个女性的身体？结果发现，男性的动机会影响他们的审美。那些寻找短暂性伴侣的男性，通常会移走下面一张卡片，根据女性的身材来确定是否要约会，而那些寻找长期伴侣的男性，则会移走上面一张卡片，去看女性的脸。这个研究表明：与其说男性有审美标准，不如说男性的审美标准是为其目的所服务的，即性伴侣的多样化。而这一点，在“零点效应”里得到最完美的诠释。

零点效应：性的可接触性

心理学家在一个单身酒吧里，让酒吧里的男性顾客分别在晚上 9 点、10 点半和 12 点（午夜零点）分别对酒吧里的女性顾客的魅力打分。心理学家发现，随着时间的推移，男性对女性的魅力的评分逐渐增加，最后在午夜零点达到最高值。越接近零点时刻，男性对女性的魅力评价越高，这个现象被心理学家称之为“零点效应”。

零点效应与男性喝了多少酒没有关系——不管男性是喝了一杯还是六杯，男性对女性魅力的评价都会随时间的推移而上升。所以，男性之所以认为女性越来越有魅力，并非是因为他们喝醉了，而是因为他们觉察到获得女性的机会正在一点点流逝，而焦虑的压力迫使他们不断放宽对女性的审美标准。

我们可以想象这么一个场景，男性有如远古狩猎的祖先一样，随着黑夜的逐渐降临，如果男性还没有获得女性的青睐，那么他就注定是两手空空而归，今夜必然孤枕难眠。而此时如果放宽标准，原来没有入眼的猎物此刻也会变得诱人。于是这种心理的转变就促使他主动接近原来被忽略的女性。

所以，零点效应的本质是男性为性行为的易得性而做出的妥协。从这个角度上讲，男性的择偶标准并不是像女性的择偶标准那样有原则，而是充满了弹性（妥协）。在理想中，男性希望性伴侣越多越好，但是在现实中，性的可接触性却是十分有限。当理想和现实发生冲突的时候，男性所做的，不是改变自己不切实际的预期，而是降低自己的择偶标准。从这个角度上讲，男性并不是在择偶上没有标准，而是男性为了多样化的性伴侣和性的可接触性，可以随时抛弃自己的择偶标准。

可能有男性会质疑说：谁在内心没有一点不切实际的幻想呢？现实中的大多数男性不都只有一个女朋友或者妻子吗，不是照样循规蹈矩，合乎社会的规范吗？的确，现实中的男性的确不像他们在愿望清单或者单身酒吧里所表现出的对性伴侣强烈渴望。这背后的原因并非是男性的自律，而是因为女性没有给他们机会！一旦女性给了男性这个机会，可以想象，男性在现实中的表现会更加渴望、更加强烈！

一个在美国佛罗里达州一所大学进行的实地实验清楚地验证了这个猜测。心理学家让一个美女在大学校园里，随机选择一个男性大学生搭讪，说："我在校园里见过你好几次了，我觉得你非常吸引我，你愿意今天晚上和我做爱吗？"有75%的男性会非常干净利落地回答道："好啊！"而拒绝这个美女的25%男性并非是他们的择偶标准（"你不是我喜欢的类型"）或者道德约束（"我已经有女朋友了"）作祟，而是他们有实实在在的不能欢度春宵的理由。例如"我明天要考试，我必须得准备考试""我的父母或者未婚妻正在学校"等。当美女追问道："如果明天你没有考试，你愿意和我做爱吗？"这位男性会毫不犹豫地说："当然愿意啦。"

与此形成鲜明对比的是，当这位美女说："我在校园里见过你好几次了，我觉得你非常吸引我，你愿意今天晚上和我约会吗？"仅仅只有53%的男性说愿意，远低于愿意做爱的男性的比例。也就是说，对男性而言，与美女约会，不是收益，而是为了上床而不得不付出的成本。

有趣的是，当一个帅哥以同样的问题去问女性大学生时，愿意与帅哥约会的女性有47%，但是愿意与这个帅哥做爱的，是

0。是的，没有一个女性愿意和一个陌生的帅哥上床。的确，女性在择偶上，无论是短期性伴侣还是长期恋人，都是有不可动摇的原则。

当心理学家让男性列出对配偶的期望时，男性列出了 67 条之多。在这众多的标准之中，“性的可获得性”无疑处于至高无上的地位。事实上，为了获取女性，剩余的这 66 条标准均可以被放弃，这包含女性的魅力、健康、学历、慷慨、诚实、独立、善良、聪明、忠诚、幽默感、友善、财富、责任心、自发性、合作精神和情绪稳定等美好的特征。因为男性清楚地知道，只有放宽这些标准，他才可能获得更多的性伴侣。

男性的噩梦：承诺

儒家经典三礼之一的《仪礼》提出："妇人有三从之义，无专用之道。故未嫁从父，既嫁从夫，夫死从子。"这就是中国古代封建社会用于约束妇女的行为准则与道德规范的"三从"。既嫁从夫就是要求妻子"嫁鸡随鸡，嫁狗随狗"，把女性当成男性的附庸。但是具有讽刺意味的是，一旦女性对男性说出"生是你的人，死是你的鬼"的时候，心理学的研究表明：男性此时的感觉，不是欣慰，反倒是恐慌。这是因为，男性在两性关系上最典型的行为就是回避承诺。

心理学家研究了男性和女性的性后悔，因为后悔的情绪可以提升将来的决策，从而避免同样的错误再次发生。性后悔一般产生于以下两种行为：错过了性交的机会或者采取了性行为。研究发现，男性对错过性交机会比女性更加后悔，其经典句式是"如果我再努力一点，没准我就可以和她上床了""错过了和她上床的机会，我真想揍自己一顿"，而女性更容易对发生过的性行为感到后悔，真心希望自己并没有做过这件事。但是，有一个例外：46% 的男性报告他们也曾对发生过的性行为有过后悔的情绪，究其原因，只有一个：女性希望发展成长期的关系。由此可见，男性的性后悔充分体现了男性希望获得更多的性伴侣而同时又避免卷入长期关系的愿望。

这是未婚男性。那么对于已婚男性，又有什么恐惧时刻呢？心理学的研究表明，对于一个已婚男性，他至少有两个恐惧时刻。

第一个恐惧时刻是在结婚前夜，因为这个时刻标志着他从一个“性自由”的人变成一个“性约束”的人。所以在西方，有一个专门给男性在结婚前举办的婚前单身派对（bachelor party）。有趣的是，婚前单身派对仅仅针对男性。这是因为男性和女性在结婚前夜的心态大有不同——男人在叹息以后再也不能自由自在了，而女人则在憧憬这个男人成为未来终身的托付。

第二个恐惧的时刻就是孩子出生。因为在这个时候，男性就不再是一个独立的个体，而必须要为亲代投资，即必须承担起抚养孩子的责任。这个时候，男性就不再能有“一人吃饱全家不饿”的单身汉心态，而是必须要在外打拼，赢取足够多的资源维持家庭并供孩子健康成长。这也是我们常说这个社会是一个“拼爹的社会”，而不是一个“拼妈的社会”。如果说发生性关系让女孩变成了女人，那么孩子的出生则是让一个男孩变成了男人。

这两个时刻之所以让男性恐惧，是因为男性必须在这两个时刻做出长期承诺。在结婚的时候，男性需要做出不再追逐其他女性的承诺，放弃性自由；在小孩出生的时候，男性需要做出为家庭提供足够资源的承诺，为了“我们”而放弃“我”。

这两个承诺，与男性追求多样化性伴侣，最大限度地传播自己的基因的生物进化本能产生了最直接的冲突，所以男性会恐惧，导致逃避承诺。

马斯洛的需求层次理论指出：人类行为最原始的驱动力，是来自最底层的性驱力，即弗洛伊德的“生本能”。人类对性的需求，是千万年的进化刻在我们基因里的印记，其强度远远超过对安全的需求，对爱与归属的需求，对尊重的需求，以及对自我实现的需求。所以，对于把不愿做任何承诺的“花花公子”变成一个负责任有担当的“家庭顶梁柱”，无论是超我的谴责还是前额叶的自控，其作用都是非常有限的。这是因为追求多样化性伴侣的驱动力，是来自男性基因里的渴望与呐喊。

但是令人惊奇的是，在现实生活中，几乎所有的男性选择了结婚生子，大多数男性没有在婚后出轨。此时，约束男性的性驱力的，不是道德的力量，而是女性的反制。

男性的阿喀琉斯之踵：处女情结

进化心理学家为了展示进化对我们行为的影响，向质疑者提出这么一个问题："谁会给自己的孙子/孙女留下更多的遗产？A. 爷爷；B. 奶奶；C. 外公；D. 外婆。"

答案是外婆。心理学家请大学生对爷爷、奶奶、外公和外婆从以下三个维度进行评估：在自己的成长过程，与爷爷奶奶辈的相处时间、收到的礼物以及亲近程度。结果表明，平均而言大学生们与他们的外婆之间的感情最亲近，相处时间最长，获得的礼物也最多。其次是外公，再其次是奶奶，而爷爷与他们的关系最为疏远。简而言之，在以上三个维度，他们对外婆的评价最高，对爷爷的评价最低。类似的结果在其他国家和其他的种族都得到了重复。与此对应的是爷爷奶奶辈对孙子/孙女的感情也是如此。例如，当孙子/孙女去世时，平均而言，外婆是最伤心的，而爷爷的悲痛程度是最低的。

为什么会有如此显著的亲疏差异？

这是因为母亲为后代提供的不仅仅是卵细胞，而且还有受精卵成长为婴儿所需的子宫。因此，母亲是100%“确信”孩子是自己亲生的。“确信”之所以打上引号，是因为母亲不需要去做任何验证就能明确这母子关系。而父亲则无法“绝对”确信这父子关系的真假，即使在有基因测序的帮助下。这是因为男性不可能排除这种可能性：自己妻子生下来的小孩，有可能是妻子出轨和别的男性生的。如果把这个关系从二代推到三代，那么就只有外婆100%“确信”孙子/孙女一定是自己的。既然如此，无论在情感上还是资源上，外婆一定是会给予孙子/孙女更多。同样的逻辑，留下资源最少的必然就是爷爷了，因为他不仅不确定儿子是不是自己的，而且也更不确定儿子生出来的孙子/孙女是不是自己的。

将这个逻辑推广到近亲，我们就不难理解为什么“外甥像舅”了。“外甥像舅”有两层含义：在表面上，它是指外甥和舅舅长得很像；在深层上，它是指舅舅会对外甥特别好，甚至可能比父亲还要亲。这是因为舅舅“确信”：他妹妹或者他姐姐生的小孩有他的基因在里面。但是，兄弟之间的孩子，即叔侄关系就显然没有这么亲密了。

父子关系的不确定性不仅是人类男性的困扰，它也是采用体内受精的雄性动物普遍的困扰。例如，动物界有一对模范夫妻：伯劳鸟。在形容恋人离别时的不舍，有一个成语叫作“劳燕分飞”。这句成语来自南北朝的一首诗《东飞伯劳歌》：“东飞伯劳西飞燕，黄姑织女时相见。”劳燕分飞里的“劳”就是伯劳鸟。伯劳鸟之所以被用来形容恋人，是因为人们发现它们有非常忠贞的一夫一妻的生活习性：相亲相爱，至死不渝。

但事实并非如此。生物学家用现代的基因甄别技术来鉴定伯劳鸟父子之间的血缘关系，他们发现，尽管伯劳鸟是一对一对地生活在一起，但它们的性伙伴却不是唯一的——无论是雄性还是雌性的伯劳鸟，出轨都是常事。而人们之所以误认为它们之间的关系是忠贞不渝的，是因为我们根本就分辨不清鸟的长相，分辨不清鸟窝里的这一对究竟是原配还是有第三者插足。生物学家进一步发现，对于一一配对生活的动物，无论是鸟类，还是野鼠、猿类、狐狸等，它们的后代有 10%~70% 并非是“家中男人”的种。

这就是男性的阿喀琉斯之踵：妻子刚生的这个可爱的小宝宝

究竟是不是我的种？如果男性把资源错误地投入到其他男性的后代，那么这将是一个极大的损失——毕竟这些资源本来是留给自己孩子的。所以，皇帝的后宫里只能有太监，而对于普通的男性，则只能痴迷于贞操。这就是男性的“处女情结”。

所谓处女情结，并不是原始社会对处女膜的崇拜，也不是封建社会把女性作为商品的标志。处女情结是男性独有的心理现象，反映的是父子关系的不确定性而导致的焦虑。处女情结并非是中国男性所独有——这在全世界范围内均是如此。即使在美国，随着女性经济独立，女权运动的兴起，男性对女性贞洁的重视程度已经有所下降，但研究表明，这仍然是男性“非常想要，虽然不是必需的”。更重要的是，男性把对婚前贞洁的重视转移到了对婚后忠诚的重视。在一项研究中，美国男性把未来配偶的滥交行为视为最令人讨厌的品质，而把诚实和忠贞视为最重要的品质。

显然女性也意识到了这一点。心理学家观察到，母亲倾向于说新生儿和父亲长得更加相像，以提高父亲对父子关系的确定。其实，根据遗传定律，婴儿会有一半的机会更像母亲，一半的机会更像父亲。但在现实生活中，有 81% 的母亲认为孩子更像父亲；同时，66% 的女方亲属也这么认为。

从进化的角度，男性出轨是为了最大化繁殖的收益。那么，女性为什么会出轨？她们的收益是什么？

女性的对抗：红杏出墙

从进化的角度研究两性关系容易产生一个误区，即过度关注男性通过短期择偶而获得巨大的繁殖收益。而事实上一个简单的数学原理是：男性和女性参与短期择偶的数量必然是相等的——当一位男性与一位陌生的女性发生性关系时，这位女性也同时正在与一位陌生男性发生性关系。这就是两性关系的作用力与反作用力。

在远古，如果女性总是拒绝短期性伴侣，那么男性也就不可能进化出对性伴侣多样性的强烈欲望；在现代，20%~50% 的已婚美国女性承认发生过外遇。所以，女性并不是只追求一对一的长期伴侣关系。

那么，一个有趣的问题是：女性从短期择偶中的收益是什么？

亲代投资理论指出，男性在子代上只有极少的投资，而且还习惯性地出轨以寻求性伴侣的多样化。所以，如果女性放纵男性的这个习性，那么在子代上投资巨大的女性将面临巨额亏损，甚至自己和子代的生存也存在问题。但是，女性也清楚地知道她们具有一个无可比拟的优势，那就是女性100%确信自己的孩子一定是自己的孩子，所以女性并不需要有“处男情结”。更进一步，女性将此作为武器，以捍卫自己作为子代投资的大股东的权益。

她们的具体行动，就是“红杏出墙”，因为它至少可以为女性带来四大好处。

第一，女性可以通过短期性行为获得有形和无形的资源。当一个女性和多个男性发生性关系，她可以从这些男性身上获取更多的食物、金钱以及安全保护。同时，通过和高社会地位男性的交往，女性还可以提升自己在同伴中的地位等级，接触到更高的社会圈子。

更进一步，女性还可以通过混淆孩子的父亲身份，让多个男性认为自己是这个孩子的父亲，从而获得更多的资源。为达到这个目的，人类女性具有灵长类动物中一个非常罕见的生殖特性，即人类女性的排卵期非常隐蔽。当雌性黑猩猩处于受孕期时，它的生殖器会肿胀并呈鲜红色，同时散发出强烈的气味以吸引雄性黑猩猩。而人类女性的排卵期则扑朔迷离，所以男性无法确认女性是否处于受孕期，因此无法确认自己的父亲身份。所以，女性只需要让男性确信这是自己的后代，那么男性就会提供资源。一个典型的例子，就是战国时期的吕不韦将自己的宠妾赵姬献给了在赵国做人质的秦国王子异人（后成为秦庄襄王）。赵姬十月后产下一子，即后来的秦始皇嬴政。传说无论是庄襄王还是吕不韦都认为嬴政是自己的儿子，于是一个把自己的王位传给了他，一个鞠躬尽瘁为其散尽家财、征战天下。其实，也许赵姬也不知道嬴政究竟是谁的儿子，但是她成功地让庄襄王和吕不韦都相信嬴政是他们的儿子。

第二，短期性伴侣还可以给女性的后代带来与固定性伴侣不同的基因，从而提高后代基因的多样性。例如，假设女性的配偶携带一种致病的基因，那么这种基因可能会导致这个家庭所有的孩子在未成年时死掉，使得女方的基因也无法传递。而基因的多样性，则可以非常有效地抵抗环境的变化，提高女性后代的存活率。

女性的多个性伴侣的遗传收益还不仅限于此。例如，性感儿子假说指出，当女性与一个阳刚、自信、幽默的男性发生性关系，那么她很有可能生出具有同样特质的儿子。将来，她这个具有阳刚、自信、幽默特质的儿子也可能吸引到更多的女性，生育更多的子女，即这个女性将会有更多的孙子、孙女。这个性感儿子假说在当下的“饭圈文化”（即粉丝）里体现得最淋漓尽致。根据 2017 年发布的中国粉丝报告，在活跃粉丝中，女性占比 69.4%；而对于男性偶像的粉丝，这个比例高达 85% 以上。在女性粉丝给出的迷恋理由中，人格特点、影视表现和颜值是最主要的原因，分别占 54%、26% 和 14%。

第三，出轨还可以成为女性更换配偶的策略。尽管婚前山盟海誓，婚后丈夫不仅可能会将他的资源用于赌博、吸毒或者其他女性，甚至还可能虐待妻儿。这个时候，他作为配偶的价值就大大地贬值。所以，女性发生婚外情有助于她评价另一个男性作为长期伴侣的潜质，即是否是一个愿意花时间和她相处的男性，是否是一个事业更成功、经济更富足的男性。心理学家格拉斯研究了包含“找乐子”“提升职位”等 17 种女性出轨的理由，发现女性把爱情（如“爱上其他人”）和情感亲密（如“他能够理解你的处境”）列为最重要的理由——77% 的女性把这两点列为发生外遇最重要的原因。

第四，女性还可以通过出轨来操纵配偶。像金庸在小说《天龙八部》里描写的段王爷的王妃刀白凤一样——当她发现段王爷与其他女性藕断丝连时，她通过和一个乞丐的出轨来报复段王爷的性背叛。大量的研究表明，报复是防止男性进一步出轨的有效手段之一：因为男性为了留住妻子，会变得更加忠诚。同时，当花心的丈夫感觉到其他男性对自己的妻子虎视眈眈时，也会更多地感受到妻子的性吸引力。此外，可能会失去妻子的不安全感会让男性花更多的时间来看住妻子以及用更多的资源来打动妻子。

所以，与男性出轨的主要目的是传播自己的基因不同，女性出轨的目的既有生理的因素，更有心理和社会的动机。在生理层面，是资源获取和遗传收益，是女性为了更好地传递自己的基因；在心理和社会层面，是操纵和更换配偶，是对出轨男性的报复和制约。所以，人类女性的出轨更多的是对男性出轨的坚决回击，是两性的博弈。

但是，这种博弈是零和博弈。男性的出轨行为和对承诺的避免，迫使女性不得不通过出轨来获得生存的资源；而女性的出轨，使得孩子的父亲身份更加扑朔迷离，于是男性更不愿意在孩子的养育中投入资源。因此，在这种环境下出生和成长的孩子必然缺乏成长所需的资源和关怀。于是，孩子更容易夭折，导致无论是男性还是女性的基因都难以传递，最后两败俱伤。如此的博弈，使得一方的收益必然意味着另一方的损失，于是最后只有输家，没有赢家。

为了避免零和博弈，聪明的人类发明了一种人类所独有的、强制性的契约，这就是婚姻。

破壁：婚姻制度

婚姻是所有人类制度中最古老、最普遍的制度。在人类文字记录中的第一次婚姻仪式，发生在公元前 2350 年的两河文明的诞生地——美索不达米亚。但是在更早的原始社会，人类跟其他动物的生活方式没有什么本质上的区别——他们在森林和平原上迁徙、定居和繁衍，男女自由交配，没有法律或道德的约束。

图 1-12 《吉尔伽美什史诗》中杜木兹与因南娜的婚礼。《吉尔伽美什史诗》是来自美索不达米亚的英雄史诗。它是人类历史上已知的第一部文学作品，以楔形文字刻在泥版上。

关于婚姻的起源，多少有些神话的印迹在里面。在我国，据传是华夏民族的创世神伏羲创造了婚姻制度，开创了男聘女嫁的婚俗礼节，结束了子女只知其母不知其父的原始群婚状态；在古埃及，婚姻的出现则归功于埃及第一王朝的开国国王、法老统治时代的开启者美尼斯；在古希腊，婚姻制度则是由传说中半人半蛇的雅典首任国王凯克洛普斯所创建。在这些神话传说中，婚姻都与至高无上的“大人物”联系在一起。这是因为婚姻仪式既是庆祝男女的结合，更是一种受法律保护的契约签订仪式。

作为契约一方，男方提出的条件是:第一，女性在婚前贞洁，即在结婚前女性没有与任何男性发生过性关系。第二，同时也是更重要的，女性在婚后要保持忠贞，不能出轨。

作为契约的另一方，女方提出的条件是：第一，男方必须参加一个仪式性的典礼，即婚礼，向社会公开宣布他放弃追寻其他性伴侣的行为。在西方，婚礼通常在教堂举办，以宗教的力量来约束男性的性本能。第二，男性必须承担为家庭提供资源的责任，包括住房、食物、孩子成长的资源等。例如，德国法律规定，丈夫的工资每月要按一定比例打入全职妻子的账户。离婚时，英国女性至少可获得 50% 的房产权，日本女性可以无条件获得 70% 的房产权，而法国、德国、荷兰、比利时等国的女性基本上可以获得 100% 的房产权。

婚姻契约在很大程度上解决了男性对“女性背叛”的焦虑。例如，婚姻中的男性有了繁殖优势——丈夫对妻子有 100% 的性的可接触性。如果妻子在整个生理周期与丈夫进行了反复的性接触，那么妻子怀上丈夫的孩子的概率就会大大增加。在另外一方面，因为婚姻受法律和道德的保护，其他男性对其妻子的性的可接触性在理论上就变为 0。这从另外一方面也增大了父子之间的确信程度，同时也降低了男性之间的争斗。

同时，婚姻契约也解决女方对“男性逃避承诺”的焦虑。首先，丈夫有义务、有责任把所获取的所有资源用于其家庭，以保证妻子的生存和孩子的成长。在现实中，我们还能看到丈夫把每个月的工资上交给妻子的传统。其次，婚礼的公开的仪式使得其他女性知道该男性已经没有额外的资源用于其他女性和孩子。于是，该男性对其他女性的吸引力就会骤减。

更重要的是，婚姻不是个人之间的私下承诺，而是受到社会道德和法律保护的契约。婚姻的社会功能，就是维系男女关系的公共纽带，它清楚地表明了谁是谁的配偶。这种关系的外显，不仅体现在法律文书上，而且还体现在西方婚后戴结婚戒指的习俗。结婚戒指象征忠诚：这个人已经结婚了，除了其配偶，其他人不能再去和他/她发生性关系或者分享他/她的资源了。事实上，在美国寻找短期性行为的酒吧里，一旦男性或女性戴上了婚戒，就不会再有异性前来搭讪。此外，婚姻还是维系感情的纽带。婚姻中的两人长期待在一起，使他们可以更加深入地了解对方的个性，更难掩盖自己的背叛。

所以，婚姻制度完美地解决了男性与女性的零和博弈，使得人类社会能够平和地不断繁衍、发展。英国中世纪神学家杰里米·泰勒感叹道："婚姻是世界之母，它保护着王国，填满了城市、教堂和天堂。"

结语

广告商深刻地洞悉了男性对年轻美女的偏爱，并将此推向极致。面向男性的杂志《花花公子》每月都要由顶级摄影师拍摄6000余张美女的照片，但从这些照片中只挑选几张拿去出版印刷。所以男性看到的杂志上的照片，通常是最漂亮的女性摆出的最诱人的姿势。以现在的审美观念来看，远古社会的男性穷其一生见的美女人数也许一只手就能数过来；而在现代社会，因为互联网的出现，让全世界各种杂志精挑细选的美女瞬间出现在男性面前。对比眼前未施粉黛的伴侣，男性的责任感与性唤起感无疑降到了历史上的最低点。

而避孕技术的发明与女性收入的增加，使得女性开始摆脱对男性资源的依赖，从而获得独立与自由。女性从男性眼中的猎物，变成了猎人。性解放，让女性开始重新审视自己的生活方式并释放欲望。心理学家罗伯特·史密斯说："从生物学上来讲，具有讽刺意义的是，如果历史上的女性总是拒绝其他男性的性请求，那么男性也永远不可能拥有混乱的性生活。"

在神圣的婚礼殿堂，恋人吟诵的“相爱相敬不离不弃，直到死亡把我们分离”的誓言可能终是昙花一现，成为历史的产物。从进化的角度上看，“忠于人品”也许只是一个传说。

但是，人不仅只有生理的需求，更有情感上的依恋。基因带来的繁殖驱力，只是代表了进化在我们身上的痕迹，而不能决定我们的现在并指引我们的未来。在进化心理学的每一个研究中，除了总体的趋势，我们更应该看到个体差异：男性并不是都沉迷于性中，而女性也并没有都渴求男性的资源。因为作为人类，我们是被大脑驱动的、来自动物但是超越动物的新物种。所以，人品对我们而言，远胜过一时的快乐；而长期的伴侣的水乳交融，远胜过露水夫妻的欢愉。

当我们明白这一点，并身体力行时，“我”就成长为“我们”。于是，在宗教或法律的见证下，我们正式进入两人的世界：婚姻。

PART2 第二章

两人的世界

01

安于陪伴：婚姻的本质

1971年，有一个浪漫的美国小伙给自己的新娘写了一首情诗，然后把它塞进漂流瓶里，扔到了浩瀚的太平洋里。

10年后有人在关岛的海滩慢跑时，发现了这首装在漂流瓶里的情诗。这首情诗是这么写的："当你看到这封信的时候，我可能已经是白发苍苍的老人了，但我相信我们的爱情仍会像现在一样鲜活。这封信可能要花上一周，甚至几年的时间才能找到你……即使它永远都不能到你的手中，我仍然铭记于心的是，我会不顾一切地向你证明我对你的爱。——你的丈夫，鲍伯。"

于是这个人通过情诗上面的电话联系到了10年前的新娘。当他把情书的内容读给她听的时候，她竟然哈哈大笑起来，然后说道："我们早就离婚了。"

不仅平民如此，皇室里的王子与公主童话般的婚姻也会以失败而告终。1986 年，刚嫁给英国王子安德鲁的弗格森对外宣称："我爱他的智慧、他的魅力、他的外貌。我仰慕他。"六年之后，弗格森指责安德鲁"行为极其粗鲁"，宣布离婚。

绝大部分人都会结婚。但如果期望婚姻能像结婚誓词里说的"相爱相敬不离不弃，直到死亡把我们分离"，那就大错特错了。来自美国的数据表明，80% 的人会离婚，只有 20% 的人会坚持到最后。在我国，根据《民政事业发展统计公报》的数据，在 2019 年，共有 927.3 万对新人登记结婚；但是在这一年，共有 470.1 万对夫妻登记离婚。也就是说，民政局每接待的三对男女中，就有一对是来离婚的。更糟糕的是，有近三分之一的夫妻并没有和平分手，而是闹上了法庭，等待法律的判决。而且，这个情况还在愈演愈烈。从 2015 年到 2019 年，结婚率下降了 26.7%，而离婚率则上升了 21.4%。

学者葛尼斯一句反讽的话非常好地描述了这个婚姻的"围城"："我们活得更长了，但爱得更短了。"

离婚的原因很多。有的是因为小孩，有的是因为对方父母，有的是因为一方出轨，还有的是因为经济纠纷……一种更加悲观的观点认为，不断攀升的离婚率反映出人们责任感的普遍缺失和道德品质的下降，令成年人、儿童乃至整个社会都深受其害。

与其问夫妻为什么会离婚，也许我们更应该问："我们为什么要结婚？"

如果我们拿这个问题去采访任何一对准备结婚的恋人，他们一定会说："我们之所以结婚，是因为我们深爱着对方。"事实上，在全世界范围进行的婚姻调查表明，有85%的人说他们绝对不会去考虑一个没有爱的婚姻，甚至还会有相当一部分人说他们愿意为了爱而牺牲掉他们自己的个人生活。这是因为，他们都相信，"婚姻是爱情的结晶"。

但遗憾的是，"婚姻是爱情的结晶"只是一个浪漫的错觉。

婚姻的本质：人类进化的副产品

在从古猿进化成人的过程中，人类在外形上有两个非常巨大的变化：直立行走和大脑容量的增加。

大约700万年前，在人类先祖聚居的东非大裂谷发生了很大的气候变化——茂密的森林逐渐消失，人类先祖被迫从树上下来进入到草原，于是开始从四肢着地行走逐渐演变成两条腿直立行走。直立行走不仅节省了行进时的能量消耗，而且还解放了双手，让我们能够制造工具，提高效率。但是，为了保持躯干向上挺直也带来脊柱与骨盆结构的重构。一个直接的后果就是女性的骨盆变窄，产道变得扭曲。所以，从史前人类开始，胎儿就不得不通过扭曲的、狭窄的产道来到这个世界，给女性的分娩带来极大的困难。

雪上加霜的是，人类在进化中变得越来越聪明，有了语言、意识等高级心理和认知功能。与此对应的生理改变是，承载人类智能的大脑的体积不断增加，达到现代人大脑容量的

1350~1500 毫升，这个体积是生活在 300 万年前的南方古猿的三倍！也就是说，在从猿到人的进化过程中，我们的头变大了 3 倍。这样一来，人类胎儿比其他哺乳动物要大许多的头颅使得分娩变得更加困难。

所以，一方面，人类通过进化变得更加敏捷、更有智慧从而更有效率；另一方面，人类面临其他所有动物都没有遇到的新问题：分娩困境——婴儿的头太大，而女性的产道太窄，生不出来。

大自然解决这个问题的办法就是缩短孕期，让每一个人类婴儿提前来到这个世上。但是这样一来，每一个新生婴儿的身体和大脑发育必然不足。在身体上，人类婴儿刚生下来时，眼不能睁开，也不能爬行——要差不多到一岁左右，才能开始站立和行走，而一只刚出生的羚羊一定要在几十秒之内站起来并自由行走，否则就会被视为身体有缺陷而被遗弃。在大脑上，人类胎儿的头骨在出生前并没有完全愈合定型，以保证在通过产道时能够被压缩而分娩出。人类的颅骨包含有 6 块骨头，而胎儿的骨与骨之间留有缝隙，特别是在头顶前部（即承载思维等高级认知功能的额叶所在）的缝隙一般要在 2 岁左右才闭合，以便大脑充分发育、扩充体积。

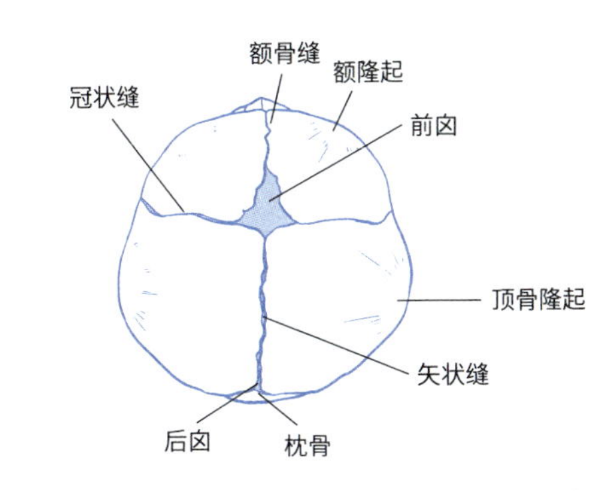

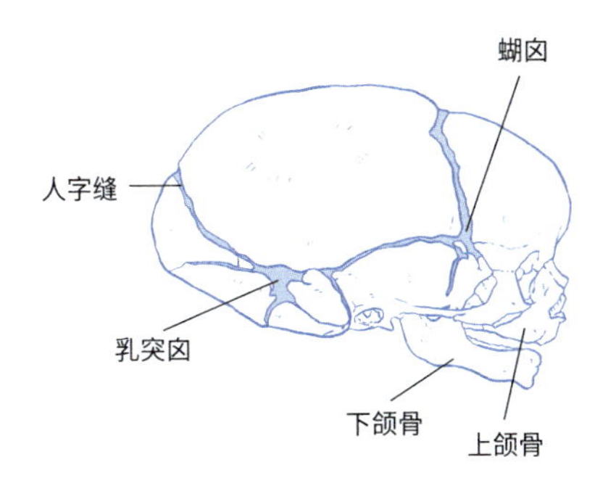

图 2-1　新生婴儿的颅骨。后囟门大约在出生后 3 个月闭合，而前囟门会在 2 岁左右闭合。

所以，如果人类胎儿要像其他哺乳动物一样发育成熟才出生，他们需要在母体里足足待够 18 个月，而不是现在的 9 个月（38~40 周）。可以想象，如果胎儿在母体待够 1 年半，那么他 / 她的大小绝对是不能通过女性的产道分娩出的。即使对于分娩 9

个月大小的胎儿，女性也面临着难产死亡的危险：即使在医学高度发达的今天，每天约有 830 名女性因为怀孕和分娩期并发症而死亡，也就是说每5分钟，就有3名女性因为生育后代而死亡。但是相比 1990 年，这死亡率已经下降了 44%。

所以，每一个所谓足月出生的婴儿其实都是“早产儿”。最基本的医学知识告诉我们，早产儿需要一天 24 小时、一周 7 天不间断地、360 度无死角地喂食、照料和关注。这个责任之重之复杂之烦琐，会消耗掉作为母亲的女性的全部时间和精力，使得她没有精力和时间去获取供她和婴儿生存的资源。这个时候，女性和婴儿就只能依靠男性提供资源才能生存下去。

这也是为什么出轨虽然是所有雄性动物的天性，但是却只有人类才有婚姻制度。婚姻制度不是对爱的庆祝与永恒化，而是为了满足人类繁衍的必要条件。从这个角度上讲，婚姻制度对男性而言，是一条锁链，把男性绑定在女性和小孩身上，强迫男性必须为后代的繁衍投资和付出；对女性而言，婚姻制度则是一份保险单，免除女性在生育和抚养后代时的后顾之忧。

从更宏观的尺度上看，婚姻制度是人类摆脱兽性，走向理性的标志——如果想让基因传递下去，既不能像猴子一样使用暴力，胜者占有女性，也不能像伯劳鸟一样偷情出轨，窃取他人的资源，而是要签署平等的社会契约。而社会契约，则是文明社会最根本的基石。所以，婚姻甚至成为经济社会的必需品——在中世纪英国，即使学徒期满，但是只要没有结婚，就不能独立开业。此时，婚姻外化成了能承担责任、具有独立行为能力的成人标志。

婚姻制度的演变

随着时代从原始文明迈入工业文明，婚姻的功能也发生了相应的变化。女性不再需要男性的资源也能独立抚养后代；甚至，繁衍后代已不再是婚姻的主要目的——一些夫妻选择了丁克模式，甚至同性婚姻与独身主义在当今的社会已不是个例。

当繁衍后代这个作为婚姻的原动力消失后，婚姻究竟应该何去何从？或许一个更值得思考的问题是：与过去相比，今天的婚姻是变得更好了，还是更糟了？

对于这个问题，通常有两种截然不同的回答。持有婚姻消亡论观点的人认为：婚姻其实已经走向穷途末路了。他们的证据是不断攀升的离婚率——它反映出人们在没有繁衍和抚育后代的约束下，普遍的责任感缺失和道德品质的下降，使得社会的老龄化日益严重。与此相对的婚姻发展论则认为，离婚率升高正好说明婚姻制度正在向更加尊重个人，尤其是维护妇女权益的方向发展。男女平等，甚至性别平等，才是美好婚姻的基石。

究竟哪种观点是对的？要理解婚姻的何去何从，我们必须得从时间的尺度上回顾婚姻的往世今生。

对于远古的人类，除了死亡，没有什么东西是必须。所以在原始社会，人类与其他动物的生活方式没有什么本质上的区别——他们类似狮群一样，以小社群为单位，在森林和平原上游弋、繁衍。此时，交配权是社群里男性争夺的核心，社群地位高的男性获取在社群内的绝大多数女性的交配权并提供她们所需的资源，所谓赢者通吃。

随着农牧业的发展，游牧的社群逐渐定居，小社群演变成为更稳定的大社群。因为女性与后代的天然血缘关系——孩子认得自己的母亲，却很少会知道自己的父亲是谁，于是女性掌握了后代的抚养权，并由此掌握了社群资源。同时，因为农牧业对体力的需求远低于游牧业的需求，女性逐渐成为生活资源的生产者和控制者。于是，男性被边缘化，而“狮群”模式演化为以女性为主的定居部落和男性流浪游走穿梭于各定居点的“象群”模式，即走婚。在这种繁衍形式之下，女性掌握着繁衍的主动权，同时也控制了社会财富的分配和传递。这在历史上称为母系社会。

图 2-2 亚马逊的母系氏族

农牧业的发展使得人类不用再从事危险的狩猎活动，同时还保障了食物的稳定来源。于是社群的规模迅速扩张，演变成部落。原来不相邻的部落开始抢夺地盘，竞争资源。此时，男性的争斗天赋使其重回社群的权力中心，父系社会由此取代了母系社会。因为此时部落的人口基数已经相当庞大，所以部落首领不可能同时占有全部女性。同时，为了维系对众多人口的统治，部落首领还需要与支持者分享权力与资源。于是部落内部开始产生家族式的垄断性资源占有和分配。这时，男性和女性的结合除了繁衍后代之外，还具有了在部落内形成稳定家族，在部落间形成稳定盟约，以及偿还债务和战争赔款等功能。于是，作为契约的婚姻制度开始萌芽。

即使在后世，我们还能看到婚姻的这些功能，比如我国历史上与异族和亲的王昭君和文成公主等。《婚姻的历史》一书的作者历史学家阿博特说，即使现代的蜜月旅行，也是一种公共事务——新婚夫妇与双方父母、兄弟姐妹等一起旅行，从而加强双方之间新建立的家族关系。

当婚姻具有了稳定和增加资源的功能时，女性作为契约的一方，地位与货物类似。古希腊男性有把妻子借给朋友的习俗；中世纪欧洲要求已婚女性放弃个人财富并把财产所有权全都移交给丈夫，而离婚的女性则失去孩子的监护权。时至今日，即使在“一夫一妻”的现代婚姻制度之下，西方国家仍有让妻子冠以夫姓的习俗——这一习俗来自英国法律对父系继承权的强调，即妻子附属于丈夫。

当婚姻中的女性只是男性的附属品出现时，男女之间的爱就只能是空中楼阁。虽然“爱”的概念在人类历史上很早就出现，但它从来不是婚姻的理由。相反，数千年来，爱一直都被看作婚姻的绊脚石，因为它会不可避免地导致婚姻出现问题。在古希腊和古罗马，如果有人说因为结婚而感到了爱，他们会认为这是一种疯狂，是一种疾病。到了 12 世纪，欧洲人既结婚，也谈恋爱，但是结婚和恋爱的对象是完全不同的。他们结婚只是为了家族联盟或继承遗产等；而恋爱，则是未婚男性和已婚女性进行交往的一种社交游戏，只发生在精神层面，而不发生身体上的接触，是柏拉图式的恋爱。

历史学家库茨在《婚姻简史：爱情怎样征服了婚姻》一书中指出："大多数社会都有过浪漫的爱情——混合着激情、迷恋和将对方浪漫化。但是这些东西一旦涉及婚姻就会变得不适。法国南部的贵族相信真正的浪漫爱情只有在暧昧关系中才可能出现，因为婚姻就是关乎政治、经济和买卖的事情。只有舍弃婚姻才有真正的爱情。"

直到 16 世纪末 17 世纪初，因为财富的累积，婚姻作为利益交换的功能才开始削弱。这个时候，欧洲人才开始有了把婚姻和爱绑定在一起的疯狂想法，例如莎士比亚笔下为了个人爱情而反对家族婚姻的《罗密欧与朱丽叶》。

爱与婚姻

1840 年 2 月 10 日，英国女王维多利亚与阿尔伯特亲王举行了盛大的皇室婚礼。他们的婚礼正好赶上了工业革命带来的现代新闻出版业的迅猛发展，因此，欧洲以及北美的所有读者都可以看到这场盛典。

图 2-3　英国女王维多利亚与阿尔伯特亲王的婚礼

在维多利亚的婚礼之前，贵族的新娘多是身着配以各种五彩缤纷的贵重宝石的晚礼服，再披上毛皮大衣以示尊贵身份。而维多利亚则选择了一条由白色绸缎制成、拖尾长达 18 英尺[1]的礼服，而礼服边缘处绣着称之为“霍尼顿蕾丝”的手工纹织的蕾丝荷叶边。后世的婚俗研究者是这样评价这件开创了西式婚礼标准着装的白色婚纱的：“从很早前，白色对于新娘就是最适合、最无可挑剔的颜色，无论用什么材质制成，它都是女性童贞与纯洁的象征，更是她那颗对如意郎君最无可保留的心。”

维多利亚女王的世纪婚礼是一个分水岭。

在这之前，是社会学家切尔林和历史学家库茨称之为“制度化婚姻”的时代。此时，个体农户是最普遍的家庭形式，女性对婚姻的诉求主要是围绕着吃、住及免受暴力侵害等。当然，女性也自然乐于享受恩爱的夫妻关系，但这种亲近只是婚姻运作良好带来的额外福利，而并非其核心目的。

而维多利亚女王和阿尔伯特亲王的婚姻虽然是王室一手包办，但是媒体却把它宣称为“真爱的结合”，而非“权力的结合”。这是因为19世纪工业革命兴起，农村逐渐被城镇所取代，

① 1英尺=0.3048米。

雇佣劳动制让男性挣脱了土地的束缚，离家外出去打工挣钱。所以女性就成为家庭的主导者，即家庭主妇。此时，妻子就从丈夫的附属品演化成“男主外、女主内”的平等角色。

这个时期，新型的婚姻手册以及家庭主妇杂志开始流行。这些出版物涵盖了妻子职责的方方面面：女性角色的定位、打扫屋子和烹饪技巧等的指导、应对丈夫家暴的方法以及对金钱的管理等。此外，它们还鼓励女性追求文学创作等提升自身的素质。由此，一个把已婚女性培养成职业家庭主妇的学科——家政学诞生了。

图 2-4 《房子与家庭：家庭主妇全指导》中的插画。

在我国，清朝光绪皇帝于 1907 年颁布了“女子学堂章程”。章程要求女性不仅要学习德操，还要学习持家必备的知识和技能。女子小学有手工、缝纫等课程；女子中学有家事、园艺、缝纫三个科目——家事主要教授衣、食、住以及伺候丈夫、育儿、经理家产等内容。1919 年，北京女子高等师范学校（北京师范大学的前身）首开家政系，开始了家政学的高等教育。之后，燕京大学（后并入北京大学）、河北女子师范大学、东北大学、四川大学、金陵女子文理学院（后并入南京大学）、福建协和大学（福建师范大学前身）、辅仁大学（后并入北京师范大学）、国立女子师范学院（西南大学前身之一）、震旦大学（后并入复旦大学、交通大学等）等 11 所大学相继开设了家政系。

因为男性和女性在婚姻中的明确分工，女性开始逐渐获得自由，并在家庭之外找到了受教育和技能培训的机会，于是爱情对于女性也就成了一种可能的选择。历史学家阿博特说：“以前的女性在家里遭到家暴时也只能一笑而过或者默默忍受，而现在的女性可不愿忍受恶劣的夫妻关系。”哈兰德在 1889 年出版的著名婚姻手册《房子和家庭：家庭主妇全指导》中写道：“没有爱情的婚姻就像是合法化的犯罪。不是基于互相欣赏和共同责任的婚姻是极其愚蠢的，其严重程度相当于犯罪。”

这段时期的婚姻模式被称为“伴侣式婚姻”，即婚姻的中心从维持生活的需求逐渐转向追求爱与被爱等亲密情感和满足性生活的需求。

在一些女性试图成为完美家庭主妇的同时，一些女性开始离开家庭在纺织厂、电话局等机构工作。经济上的独立，使得她们在物资上不再依附于男性从而开始获得精神独立，于是追求男女平等的女权运动开始兴起。1920 年，女性拥有选举权的法案在美国通过后，婚姻制度开始了戏剧性的转变——每一个家庭，在人类历史上第一次由两个独立的公民，而不是仅仅是由 2 个人组成。此时，爱情与婚姻就紧密联系在一起——爱情在婚姻中的地位第一次超过了经济的动机。

差不多同一时间，天然胶乳避孕套以及相应的自动生产线于 1919 年出现，使得避孕变得容易和普及。于是，女性不再因为性爱而担心怀孕。此时，女性终于拥有了自己的身体，并且可以根据自己的喜好而选择性伙伴。到 20 世纪 60 年代后期，美国禁止种族间婚姻的州法律被废除。到 20 世纪 70 年代，美国法律终于承认“婚内强奸”的概念。此时，婚姻不再是一个公共的事件，而只是一种私人关系。

从这个时候开始，婚姻就从“伴侣式婚姻”开始进入“自我表达婚姻”的时代。婚姻中的双方更注重婚姻中的自我表达、自我尊重和个人成长。阿博特评论道：“婚姻带给夫妻双方的个人满足感是很重要的。夫妻双方都希望对方能成为自己最主要的情感依靠。家就应该是爱情、激情、情感支持和两性满足的地方。”

从“制度化婚姻”到“伴侣式婚姻”再到“自我表达婚姻”，在过去200多年里，婚姻变化的激烈程度超过了人类过去几百万年里的婚姻演化——婚姻的目标从维持生活演变成自我表达与自我实现。而后者是一个更难以企及的目标。

在一个富足的社会里，能用钱解决的问题都不是问题，而且这些问题在不断地减少。与此相对的是不能用钱解决的精神问题，而这些问题正在日益增加。但是，对精神满足的难度要远远大于对物质满足的难度，这也是为什么我们钱越来越多，却感到生活越来越不幸福。从这个角度上看，婚姻并没有变差或者凋亡，只是婚姻的双方在追求更高、更难的目标，所以也更容易失败。

所以，人类并没有走入婚姻的死胡同，而婚姻仍然是人们所能想到的对于承诺的最佳表达方式。只是承诺的内容由提供资源、保持贞洁等相对容易的目标变成了情感依靠与精神共鸣等更加困难的目标。所以，现代人类对婚姻的失望程度要远超人类历史的任何时候，因此离婚率的上升，独身主义的盛行等是必然的结果。

什么是爱：激情之爱与伴侣之爱

婚姻在人类的进化中，逐渐从以生存为中心演变成以爱为中心，婚姻质量达到了前所未有的理想水平。但是，爱在婚姻中的介入，有时候不仅没有增加婚姻的稳定性，相反还带来了婚姻的不稳定性——离婚率居高不下，失败的婚姻比比皆是。一方面，是以爱为中心的婚姻要求双方在与伴侣的相处中投入大量的时间和精力，而事实上并没有很多人能真正做到；另一方面，可能也是更重要的原因，是我们根本就不知道哪一种类型的爱，才能浇灌出成功婚姻的花朵。

什么是爱？在任何一种语言中，我们都能找到“爱”这个词。但是，在任何一种语言中，对“爱”都没有清楚的定义：从“我爱红烧肉的味道”这种发生在感觉层面的喜爱，到“我爱凡·高的《星月夜》”这种发生在知觉层面的喜爱，到“我爱正义”这种发生在认知层面的喜爱，以及到“我爱小芳”这种发生在情感上的喜爱。当“爱”这个在心理的所有层面上都有表达但意义极其不清的词与婚姻连接在一起时，我们难免会犯糊涂。不知道究竟哪种爱才是婚姻真正需要的。

在婚姻中，有多种形式的爱，最常见的就是浪漫式的恋爱。浪漫式的恋爱，也被认为是人类幸福的重要来源之一。

浪漫式的恋爱可以分成两种类型，激情之爱和伴侣之爱。激情之爱，有如火山喷发，是一种极度的快乐和强烈的性吸引。当一对年轻人不顾一切、旁若无人地拥抱在一起，当感觉到深陷于爱恋之中而不能自拔时，当像英国诗人格雷夫斯所描写的“倾听敲门声的响起，期待对方做出表白”时，当体验心激烈跳动、双手发抖、头脑眩晕像在云中飘浮时，这就是激情之爱。激情之爱并非始终充满极度的快乐，它本身也像过山车一样跌宕起伏：时而兴高采烈，时而愁容满面；时而心花怒放，时而花开荼蘼。弗洛伊德说：“再没有比恋爱时更容易受伤了。”弗洛伊德这里说的恋爱，就是激情之爱。

而伴侣之爱，是一种深沉的情感依恋，就像是一对超级好朋友之间的友情——他们之间有很深的信任，无话不谈，充满默契，一个眼神就是千言万语，以及细致的关爱、体贴的照顾。平和、稳定和温馨，是伴侣之爱的特点。

影视作品和小说里描写的爱多是激情之爱，而不是伴侣之爱。因为年轻人通常认为，只有像乐府诗《上邪》中的“山无陵，江水为竭。冬雷震震，夏雨雪”这样惊天动地的爱，才是婚姻所需要的爱。

但是，这种观念是错误的。激情之爱只会让婚姻之花枯萎，只有伴侣之爱才能呵护婚姻走向长久。这是因为这两种形式的浪漫式的爱，随着时间的流逝有着不同的发展路径。

激情之爱会像火山爆发一样，体验到的幸福感强度急剧飙升，正所谓一见钟情或“一日不见，如隔三秋”。闪婚通常就发生在这个阶段。“飘风不终朝，骤雨不终日。”浪漫爱情的高潮可能会持续几个月或者一两年，但是从来没有一种高峰体验可以永久地持续下去。等高峰体验消退后，恋爱的双方就会开始困惑，困惑为什么再也感觉不到原来那种充满激情的爱恋了。“是我们原本就不合适在一起吗？”于是双方就会开始抱怨对方：“为什么你让我再也见不到以前那种充满激情的投入，是你变心了吗？”从困惑走向怀疑，从怀疑走向指责，从指责走向争吵，最后必然就是以离婚收场。研究表明，结婚两年的夫妻的情感体验比他们新婚时要少一半，而结婚四年时的离婚率是最高的。这正如喜剧演员刘易斯曾说:“如果你正处在恋爱之中，那在你一生中最为绚丽多彩的时间也就只有两天半。”当幸福感到达顶点之后，就会快速地下降，然后冷却，最后到达冰点。

更糟糕的是，激情之爱的消退还会像药物成瘾一样产生戒断反应。戒烟、戒酒或者戒毒并不能让人回到初始的状态，而是会激发强烈的戒断反应：难受、抑郁、厌烦等。这样的“戒断反应”也会发生在激情之爱中——那些失恋的人、离异的人会吃惊地发现，虽然自己早已对另一方失去了强烈的爱恋，但是离开之后，却感到生活竟是如此空虚。他们仍过于关注那些已然不在的东西，而忽视他们仍然拥有的事物。

金庸在《书剑恩仇录》中借乾隆皇帝送陈家洛宝玉上的刻字，道出自己对感情的领悟:“情深不寿，强极则辱；谦谦君子，温润如玉。”即过于执着的感情不会持续长久，过于突出的表现势必会受到屈辱；君子应该如玉一般地温润沉稳，含蓄坚毅，不张扬却自显价值。在这里，“情深不寿”所对应的爱就是激情之爱，而“温润如玉”则指的是伴侣之爱。

伴侣之爱正如人与人之间交往最后变成好朋友一样，开始是一点点、慢慢地接触，从陌生到相识，从相识到相知，从相知到相爱，最后再从相爱到相随。随着接触的时间越来越长，他们之间的感情也逐渐升温，一点一点增长；他们之间的价值观也逐渐融合，变成共有的价值观。

在现实生活中，常听到这样的传说：在一起多年的夫妻，不仅眉目表情神色相似，他们的长相也会越来越像，成为“夫妻脸”。美国密歇根大学的心理学家研究了1500多对夫妻的样貌的相似性。实验结果发现，这不是一个传说，而是事实。

在这1500多对夫妻中，有的刚刚结婚，而有的结婚已经超过了50年。心理学家把不同结婚年数的夫妻的照片混在一起，让人们去挑选最有夫妻脸的人来进行配对。结婚年数在5年以内的，人们根据相貌的相似度来匹配夫妻的正确率接近随机水平，也就是说新婚夫妻的长相并不太像。但是，当结婚超过10年，匹配精确度就会显著提升，而且结婚年龄越久，匹配的精确度就会越高，说明结婚越久，夫妻会长得越像。

心理学家解释道，“夫妻相”这一现象是因为夫妻双方生活在一起，共同的生活经历，如同时的哈哈大笑、共同的愤怒伤心，使得他们的面部肌肉也在做着同样的运动。日积月累，他们就会逐渐形成相似的面部曲线、皱纹等，因此长相会越来越相似。

更重要的是夫妻之间无意识的模仿。当两个人朝夕相处，会无意识地模仿对方的面部表情。这在心理学上称为“变色龙效应”，即我们会不自觉地去模仿别人。越是亲密的人，我们越容易也越愿意模仿。

其实不仅是长相，多年的夫妻因为类似的饮食，连肾脏功能、胆固醇指数及握力测试结果等生理指数也随着结婚年数的增长而越来越相似。于是，由心理到生理，再从生理又作用于心理，一个接一个循环，最后夫妻就越来越相似。

岁月就是一个雕刻师，把有着共同经历的夫妻雕刻得越发相似。有着伴侣之爱的夫妻，正如一对多年的好朋友，怎么会舍得分手呢？所以，用伴侣之爱经营婚姻的夫妻，离婚率远远低于那些用激情之爱来维系婚姻的夫妻。

包办婚姻：他山之石，可以攻玉

当婚姻还作为契约时，父母有最终的决定权。《诗·齐风·南山》中便有："取妻如之何？必告父母。既曰告止，曷又鞠止？……取妻如之何？匪媒不得。既曰得止，曷又极止？"意思是：娶妻该当如何？定要先告父母。既已禀告宗庙，怎容她再恣妄？……娶妻应当怎样，少了媒人哪儿成。既然姻缘已结，为何由她恣纵？大儒孟子更是把这推向极致（《孟子·滕文公下》）："不待父母之命，媒妁之言，钻穴隙相窥，逾墙相从，则父母国人皆贱之。"所以，"月上柳梢头，人约黄昏后"这种浪漫的情调更多的是存在于小说之中。

包办婚姻并非中国的特色，西方也是如此。阿博特描述了一个典型例子：在 15 世纪的英国有一场安排好的婚姻，女方的父亲直到婚礼的早晨才从待嫁的女儿们中选出新娘。欧洲甚至把"父母之命"写入了法律。法国在 1557 年制定了第一部婚姻法令，要求结婚双方必须取得父母的同意，否则将剥夺继承权；英国在 1753 年制定的婚姻法对结婚规范进行了描述，其中包含家庭成员的明确同意。

进入 18 世纪，全球化与第一次工业革命以史无前例的速度改变着世界。随着雇佣劳动的发展，年轻人在经济上获得独立，开始摆脱父母的控制。同时，从 1660 年开始的启蒙运动极大地唤醒了个人的自由意识，年轻人开始行使“追求幸福”的权利。

此时，婚姻就开始从公共生活走向私人生活，年轻人想要在选择未来伴侣的问题上有更多的发言权，在他们的眼中，婚姻是情感问题，而不是财务或家族问题。当这些思潮在 20 世纪初传入我国，便掀起了轰轰烈烈的新文化运动。与旧式文化割席、与旧式家庭决裂的前线便是包办婚姻与自由恋爱之战。历史的潮流浩浩荡荡，这场斗争的最终结果是自由恋爱大获全胜，而包办婚姻在我国乃至全世界基本上都已经绝迹。

但是，包办婚姻就真的全错了吗？

在印度的斋浦尔地区，包办婚姻与自由恋爱并存。于是心理学家古塔和辛在这些村庄就婚姻满意度开展了田野研究，调查究竟是自由恋爱的婚姻满意度更高，还是包办婚姻的婚姻满意度更高。研究结果表明，在初期，自由恋爱的婚姻满意度更高。这个结果是必然的——自由恋爱是因为爱而结婚，婚姻满意度自然会高，而包办婚姻的夫妻在结婚前并不认识，婚姻满意度自然不会高。但是，在随后的两年到三年的时间里，包办婚姻的满意度会开始逐渐增加，而自由恋爱的婚姻满意度会逐渐下降。而结婚五年之后，包办婚姻的夫妻会认为他们越来越幸福，远远超过了自由恋爱夫妻的婚姻满意度。

同样，新文化运动的先锋中，鲁迅、徐志摩、郁达夫、郭沫若等强烈反对包办婚姻，践行自由恋爱，而胡适、梁思成等则接纳了包办婚姻。如果你对他们的婚姻状况进行个案分析，也会得到类似心理学家在印度调查的结论。

需要注意的是，这个研究并不是说包办婚姻更好，而是相比自由恋爱，包办婚姻并非更差。这是为什么？

第一次结婚的年轻人对于什么是婚姻成功的因素并不清楚。他们并不知道爱并不是婚姻的全部，甚至对于什么是爱，他们也充满误解——影视小说里面生离死别的激情之爱被年轻人误以为是真正值得结婚的恋爱。

但是，父母们是知道的。马克·吐温说：“没有一个人会真正理解爱情，直到他们维持了四分之一世纪以上的婚姻之后。”的确，父母们已经在自己的身上做过至少一次实验，所以他们明白激情之爱与伴侣之爱的区别，他们知道哪些是成功的因素，哪些是失败的因素。所以当他们来为自己的子女选择结婚对象的时候，他们会把自己成功与失败的经验考虑进去。所以，包办婚姻未必会比恋爱婚姻差，就像第二婚的婚姻满意程度平均而言要远远高于第一婚，因为再婚的人有了经验。

华裔小说家哈金在获得了美国国家图书奖的《等待》一书中描写了 20 世纪 70 年代挣扎在包办婚姻与自由恋爱之中的医生孔林。孔林并没有爱过他父母为他找的妻子淑玉。长久以来，他和他包办婚姻的妻子分居在两地。自从爱上了医院的护士吴曼娜之后，孔林一直想着与他的妻子离婚。这场婚离了 18 年，因为每一次淑玉都会在上法院的最后一刻改变主意。直到法院规定如果夫妻分居 18 年以上，可以单方面离婚而不需要两人都同意，孔林才结束这场婚姻。自然而然，他与等了他 18 年的吴曼娜生活在了一起。

尽管孔林坚持到了最后的胜利，但他却并没有感受到想象中的幸福——新的生活让他烦躁而混乱，而等他重新去探望淑玉时，却在那里找到了久违的安宁与平静。小说在这里戛然而止。

现在的婚姻模式已经从“父母之命，媒妁之言”的“制度化婚姻”演化到自由恋爱的“自我表达婚姻”。这是人类的进步，将婚姻归于个人情感领域。但是，作为新人，不妨听听过来人的建议。毕竟他们已经在自己身上做过了实验。他们所犯的错误，他们所踩过的坑，可以让新人不要重蹈覆辙。

离婚：有意识脱钩

但是，即使是基于伴侣之爱的婚姻，即使听从了来自父母的建议，也不能保证婚姻一定能走到最后。离婚也是婚姻的一个可能的结局，而且这种可能性正越变越大。

2014 年，在经历一系列沟通、挣扎以及婚姻治疗师的咨询之后，格温妮丝·帕特洛和克里斯·马汀这对好莱坞明星夫妻宣布离婚。当帕特洛回顾这段经历时，她说："在离婚中，我从我最不想要的东西中学到了很多东西。"她所学到的，是可以不通过激烈的争吵和肢体的冲突来离婚，而是通过尊重的和爱的方式来告别。这种方式被称为"有意识脱钩（Conscious Uncoupling）"。

离婚，在传统看来，是一个悲剧，是在两性关系中最不被期待的结果。所以，亲密关系的结束通常伴随着委屈、悲伤甚至愤怒的情绪："我为你付出了这么多，我把你当成生命的全部，可你为什么要忽视我、背叛我、离我而去？"于是，有的会选择报复，有的则不依不饶，可以做任何事来让伴侣重回身边。而轻松友好的分手通常是一件极度困难的事。

与传统的把亲密关系的解体简单地归因于“我们相处不好”或“我们就是不合拍”不同，有意识脱钩提供了一个更为理性的沟通空间，从而让伴侣之间通过对话、通过理解来分手。因此，有意识脱钩试图通过自我发现、相互理解来从情感的困境走出，把因为分手而导致的混乱生活重新组合起来，而不是把问题遗留到未来，甚至影响下一段亲密关系。

如何来有意识脱钩？这里共有三个步骤。

第一步，释放感情。当准备结束一段亲密关系时，出现负面的情绪是正常的。所以首先需要做的，是抚平情绪，让内心回归平静，不要让负面的情绪来影响理性的思考。一个有效的方法是将负面情绪转化为改变的力量。例如，当一方意识到经常被忽视，经常需要放弃喜怒哀乐与兴趣来迁就另外一方时，这种不公平的委屈甚至愤怒可以用来改变自己寻找未来伴侣的标准，打破自己之前的择偶模式，例如基于外表而不是内在特质的择偶模式。这样，利用负面情绪的力量，将自己引导到积极的改变中，而不是自怨自艾。此外，还可以借此去寻找婚姻对自己的真正意义：“我们在一起或者分手对我的意义是什么？”对意义的探索将有助于去寻找真正适合自我的婚姻，适合自己的伴侣。

第二步，重获平等。通常，对心理创伤的错误处理方式是对过去不愉快经历在心中的不断再现，而且这些反思通常是集中在对方的所作所为。于是，或彻夜不眠试图拼凑出谁对谁错，或为受到的伤害而悲伤哭泣，或为自己的行为而竭力辩护。这样的反思只会形成一个无解的恶性循环。而打破这个循环则需要正视一个事实：即我也是当前困境的共同创造者——如果不是当初我对一些关系破裂信号的无意或有意忽视，如果不是我对自己深层需求压抑不愿或者不敢表达，如果不是我以沉默面对问题、希望问题能随时间而自然消失不见……当我们放弃了在亲密关系中的平等地位，当我们放弃了表达自己需求的权利，当我们以沉默取代沟通，那么亲密关系自然而然就可能面临解体。所以，将自己视为困境共同创造者，其目的不是谴责自己或者让自己感到羞愧，而是换个视角去理解亲密关系破裂的根源：“是我对自己的需求没有信心因此担心被拒绝，还是为了证明我的爱有多么无私而放弃太多，付出太多？”由此，我们才可以在未来的亲密关系中弥补自己的不足而不是重蹈覆辙，我们才可以学会在未来的亲密关系中表达自己："我会重视自己的需求，我会为我的期待进行沟通，我会设定边界。"

第三步，按下重启键。将过去的不愉快转化为经验教训和智慧，是一个原谅前任同时也是原谅自己的过程。只有把过去真的当成过去，因亲密关系破裂而导致的悲伤或愤怒才能真正平息下来，此时，我们才能够去拥抱有无限可能的未来，创造属于自己的幸福生活。注意，原谅不仅仅是口头的表达，更是行动的体现：让分手之后的幸福生活，不仅仅属于自己，也属于前任，让共赢成为可能。例如，在财产分割时，尽量公平而大度；在孩子抚养上，设定对所有相关人员都有公平的安排，构建健康的共同养育关系。甚至，还可以将这段结束仪式化，以此来庆祝即将到来的各自新生。无论这个仪式是写一封信还是赠送一件礼物，这都表示一种姿态："这是我想给你的东西，让你永远记住我们曾经拥有的美好，忘记我们曾经遭遇的不幸，然后迈向更美好的未来。"

为什么现在如此需要有意识脱钩？正如我们不知道婚姻的本质，误把婚姻当成激情之爱的巅峰，我们同样不知道当亲密关系不再亲密时，如何与它告别。来自身边的同事朋友、新闻媒体上的例子大都丑陋而且虐心。因此，相当一部分人因为担心离婚会导致毁灭性的持久灾难结局而犹豫不决，错过本应属于自己的幸福生活。所以，要直面当下的困境，转换视角来了解自己和对方的意图与行为，以此来释放委屈、悲伤、愤怒和怨恨，寻找更适合自己的相处方式，从当下失败的亲密关系走向未来成功的亲密关系。

结语

婚姻从一开始就不是爱的结晶。婚姻的起源，是要解决人类在过去 200 万年的进化中孕妇分娩困难的问题。慢慢地，人类给婚姻赋予了部落结盟、偿还债务等职能。直到近代，我们才把婚姻和爱连接在一起。

一方面，我们不了解婚姻的来源，以为爱就是婚姻的一切。而结婚后柴米油盐酱醋茶的琐事将爱冲得七零八落，小孩的养育让父母互相抱怨，反目成仇……当爱的激情不再，夫妻俩为婚姻心如死灰，宣判婚姻死刑的时候，其实他们并不知道当初他们为什么会结婚。

另一方面，人类对美好生活的追求从来没有止步。婚姻的历史恰好印证了人本主义心理学家马斯洛的需求层次理论。在“制度化婚姻”时代，夫妻双方对婚姻的期待更多的是生存的需求，即饮食与养育后代；在“伴侣式婚姻”时代，婚姻则满足夫妻双方“安全感、爱与归属”的需求；而“自我表达婚姻”则是通过感情连接以实现自我表达、自我尊重和自我成长。

满足高层次的需求虽然可以使人更加幸福并且更深入地触达到内心体验，但是，夫妻双方也必须要投入大量的时间和精力来经营自己与伴侣的关系，因为洞悉彼此的价值观，并进行有效沟通的难度远超过维持家庭的温饱。所以，虽然人类对婚姻的期望随着马斯洛的需求层次逐步升级，但是要获得它的难度也在升级。

尽管难，但是我们仍然义无反顾：虽然离婚率在不断上升，但是离婚的人并没有对婚姻绝望——他们中的绝大多数还会再婚。这是因为婚姻，如社会学家贝拉所言，已经成为“携手探索丰富多彩、纷繁复杂又激动人心的自我的一个过程”。的确，随着婚姻的制度色彩逐渐减弱，我们更多地把它当成自我表达，实现个人价值的必经之路——“是你的存在，让我想成为一个更好的人”。

02

自我表达：我有我的自由

2017 年，英国前足球运动员大卫·贝克汉姆和他的妻子，前流行乐队辣妹组合成员维多利亚·贝克汉姆花了近 500 万英镑在英格兰牛津郡 Chipping Norton 购买了一个小庄园，准备将它改建为乡间别墅。贝克汉姆夫妇的豪宅可以说有无数，按理说大家应该早已失去兴趣。但是这个别墅的设计却引起了大家浓厚的兴趣，因为整体式样的标准别墅布局变成了三栋分离式房屋：贝克汉姆夫妻俩在家划了“三八线”——在这个别墅里，他们会分别住在左右两栋房子里，而中间那一栋，是他们共同生活的地方。难道是他们 20 多年的婚姻有变？

图 2-5　贝克汉姆夫妇的乡间别墅

其实，他们的婚姻没有变化——他们之所以这么做，是因为他们有不同的生活习惯。贝克汉姆透露他有轻度的强迫症行为，即所有的东西必须摆成一条直线，或者成双成对出现，所以如果家里有三个一样的罐子，则必须扔掉一个；而维多利亚则喜欢轻松无压力的家庭氛围。所以，他们在家拥有各自的活动区域，互不打扰，而吃饭、陪娃等家庭活动就在中间的房子里进行。分开住，让他们保留了各自的生活习惯。

贝克汉姆夫妻的“分居婚”并不是孤例。在日本女星新垣结衣和星野源谈恋爱时，星野源搬到了新垣结衣家附近居住，成为邻居。在又当邻居又当情侣这样相处一段时间后，两人选择了结婚。但是，他们并没有搬到一起，因为他们希望即使是在结婚之后，也要保留有自己的私人空间。另外一位日本女星天海祐希说，如果一定要结婚，分居婚才是她理想中的状态——比如公寓是相邻的或者是面对面，做好饭了然后打电话给对方，问：“你要过来吗？”这样能够各自保有各自的“城堡”。类似的还有好莱坞女星茱莉娅·罗伯茨等。

这些明星解释道，分居婚并不是感情危机。相反，这是一种设计好的新型夫妻关系，来让双方保留各自的生活习惯。同时，还能让爱情“保鲜”。这是因为两人相处久了，会渐渐看不到对方的优点，而保持适当的距离，可以让夫妻俩用客观的角度看待对方，有助于重新建立欣赏和认可的态度。

明星们选择了分居婚，更多的普通人则选择了单身。在美国，处于单身状态的成年人在总人口中的比例急剧上升，在2014年达到了1.246亿，占16岁及以上人口的50.2%。而这个比例在1976年只有37.4%。在已经组建家庭的美国人中，2020年人口普查数据显示，因离异或伴侣去世的单亲家庭占到了28%，也就是说，每4个家庭，就有一个是单亲家庭。面对这个庞大的人群，美国人口普查局将9月的第三周定为单身美国人周。

社会学家猜测，单身人数比例增加是因为他们想先完成学业，或先找到一份好工作获得经济安全等。但是，来自皮尤研究中心 2020 年对美国成年人的全国性随机抽样调查显示，仅有 14% 的单身人士对走向婚姻的浪漫关系感兴趣，而有一半的人表示他们不想谈恋爱，甚至不想约会，保持终身单身。

难道单身人士最想要的，不就是脱单而成双成对吗？

自我表达

20 世纪 60 年代，从美国开始，人们开始推崇一种新的个人主义，即注重自我发现和心理成长的表达型个人主义。它的特点是强烈相信个人的特殊性，并通过语言、选择和行动将之充分表达。例如，穿一件与众不同的衣服，不是为了酷和独特，而仅仅是因为喜欢。

哲学家瑟曼说："你身上有某种东西正在试图倾听你内心真实的声音。……之前，从来没有与你一样的人出生过。之后，也不会有像你这样的人出生——你的存在就是唯一。……如果你听不到这些声音，那么你的一生都将操纵在别人的手里。"乔布斯也有类似的观点："你的时间有限，因此不要活在别人的生活之中。"

这观点听上去很简单而诱人，但是做起来却非常不易。因为我们都被应该如何观察、思考、说话和行动的社会规范所束缚：非礼勿视，非礼勿听，非礼勿言，非礼勿动。所以，我们或明白无误或潜移默化地被告知应该吃什么、喝什么、怎么娱乐；应该与谁交往，应该喜欢谁或鄙视谁……甚至，自我表达被认为是利己与自私，因此我们需要放弃自我，融入大我之中。

但是，正如心理学家鲍迈斯特和麦肯齐所说，自我是最基本的价值观，不应参考其他的价值观来制定。也就是说，尊重自我，是尊重他人、尊重社会的原点与基石。

如何尊重自我？首先，尊重自己真实的感受。以善意的方式来实话实说——明白无误、爱憎分明，而不是模棱两可，成为别人眼中的谜团。其次，尊重自己的潜力。正如精神病医生萨兹所指出的："自我不是被发现而应是被创造的。"因此，不要把自我束缚在狭隘的已知之中，而是对新的经验、机会、兴趣和激情保持开放的心态。第三，尊重内心的呼唤。在繁忙的日常中，不妨按一下暂停键，询问一下自己对此刻生活的感受，看这现实生活中的你，离心中的你，是更近了，还是更远了。最后，尊重即行动，要"贪婪地"追求欲望和激情，有如乔布斯所说的"stay hungry"，而不是身未老，心已死。所以，正如心理学家德拉霍尔塔所宣称的："自我发现之旅是我们能走的最重要的旅程。"因此，对自我表达的追求，不是自私，而是一种道德良善。

与此平行的，是婚姻的演变。如之前章节的分析，婚姻已经从强调务实的帮助配偶满足其基本的经济和生存需要，强调爱情的帮助配偶满足其亲密和归属的需求，演变到了第三个阶段：自我表达，即重视配偶之间在个人成长需求方面的相互帮助。所以，当心理学家研究了1900~1979年女性杂志对“爱情”的定义的演变，一点也不惊讶地发现“爱情意味着自我牺牲和妥协”已经演变成了“爱情意味着自我表达和个性”。

自我表达式婚姻的兴起也彻底改变了伴侣之间互动的最佳方式。在最近的一个研究中，当美国大学生被要求定义伴侣的价值时，除了外表的美丑、承诺等传统价值之外，他们还特别强调拥有一个能让他们发挥最大潜能的伴侣的重要性。这正如一名参与调查的大学生所说：“我真的觉得伴侣的价值在于帮助我成为更好的人，成为更好的自己。”所以，婚姻已经开始从社会需求、满足夫妻及其子女需求的正式制度，转变为满足配偶个人心理需求的私人契约。

因此，虽然家仍然是这个冰冷世界的避风港，婚姻仍然是爱情与情感的归属地，但是越来越多的人意识到，一个仅仅能实现这些目标却不能促进自我表达的婚姻是不够的。社会学家克林伯格观察到，在以前，对配偶不满并要求离婚的人必须证明自己的决定是正确的；在今天却恰恰相反：如果在婚姻中没有感受到自我的成长，那么就必须证明自己有充分的理由留在婚姻之中。

于是，单身就成为一种选择。

有些事情单独做更有趣

《孟子·梁惠王下》曾记载孟子见齐宣王，谈论音乐分享的快乐。孟子问："独乐乐，与人乐乐，孰乐乎？"宣王回答道："不若与人。"孟子又问："与少乐乐，与众乐乐，孰乐？"宣王回答道："不若与众。"所以后人有"独乐乐不如众乐乐"的成语，意思是一个人欣赏音乐所获得的快乐不如和众人一起欣赏音乐的快乐。但是，最近发表在《市场营销》的一个研究，却表明欣赏音乐等事情一个人来做也许会更快乐。

心理学家让大学生在电脑上观看电影节上放映的电影海报，而报酬就是他们最喜欢的电影的免费观影票。一种情况是单独观看，自己决定看每张海报的时间以及顺序；另一种情况是和一位同学一起来观看海报并相互交流。结果发现，独自观看海报的人能够更好地集中注意力，事后对海报内容的回忆准确度也更高。更重要的是，他们有更好的体验：因为他们可以自行决定看什么海报以及看多长的时间；也就是说，他们不用考虑另一位同学的口味，而是专注于自己的审美体验。这正如心理学家特沃斯基所说：“人并不复杂，复杂的是人和人之间的关系。”

事实上，在休闲娱乐的时候，独自一人也许更快乐。当与其他人一起旅行时，不仅需要考虑自己想去观光的地方，而且还需要考虑其他人的感受：他们是否对这些景点感兴趣，他们希望以什么顺序游览景点，他们想在每个景点花多长时间？他们是想一路上谈论他们的观感，还是想有安静的时间来真正体验他们所处的风景？当我们不得不去关注同伴的喜好时，自然就会有一部分注意力放在同伴的身上，而这种分心显然会破坏我们的体验。这正如罗森布鲁姆在她的《独自旅行的乐趣》一书中所说：“独自一人，我可以按照自己的节奏来展开我的审美；独自一人，我可以倾听雨声，以一种当别人在身边时无法听到的方式聆听，身心寂静。”

我们可能要问：如果结伴出游的玩伴不是普通朋友，而是琴瑟和鸣、心意互通的伴侣呢？是不是众乐乐就要胜过独乐乐了呢？

答案是否定的。社会学家约翰逊调查了有婚姻、同居或约会等亲密关系的德国成年人的生活满意度。调查结果显示：在亲密关系开始的时候，他们会对自己的生活感到更满意——这显而易见，因为这是他们在一起的原因。但是，“从此过上了幸福的生活”在现实中的大多时候只是童话传说，因为开始时的蜜月效应不会持续太久。之后，他们开始感到抑郁，对自己生活的满意度下降，同时自尊降低。随着时间的推移，他们的幸福感甚至会低于亲密关系开始之前。通常，这是亲密关系即将结束的前兆。研究者进一步将女性与男性在亲密关系过程中的满意度、自尊和抑郁情绪进行比较，发现女性比男性更沮丧、更不满意，自尊心受到更多的侵蚀。这导致的直接后果是，相对于男性，现代女性更倾向于单身生活。也许这是因为女性在婚姻开始时就对平等、对尊重、对成长抱有了更高的期望；而男性，也许还停留在中世纪婚姻的刻板印象之中——我乃家庭的中心。

那么一个有趣的问题是：婚姻是不是比同居或者约会更能抵抗时间的侵蚀呢？一个反直觉的发现是，与同居或约会的情况相比，处于婚姻中的夫妻对生活的满意度会下降得更快，自尊心也会受到更大的伤害。心理学家猜测，与单身人士不同，已婚人士倾向于只关注一个人，即他们的伴侣，所以他们的生活多是围绕着这个人而展开。而单身人士则是围绕着自己而不是其他人来创造生活。所以，单身人士与朋友、兄弟姐妹和父母、邻居、同事的关系更为密切。因此，与我们的常识相违背的是，真正孤独的人其实是已婚人士，而一旦两人世界出现了冲突，已婚人士往往因为缺乏社会支持而导致自尊急剧下降。

这个猜测，得到了社会学家波特实证研究的支持。在《美国夫妻间的社会支持和离婚》一书中，她报告了一个非常有趣的现象。波特向已婚人士询问了三类问题:（1）情感支持:“假设你遇到了问题，并且对如何解决该问题感到困惑或沮丧。你会向谁寻求帮助或建议？”（2）紧急医学援助:“假设你在午夜有急诊的需要，你会打电话给谁？”（3）紧急财务援助:“如果你因为紧急情况不得不需要借钱度过一个月，你会问谁借钱？”求助的选项是:“没有人”或者“朋友、邻居、同事”或“亲戚”。波特发现，如果已婚人士有婚姻之外的情感支持，当他们感到沮丧或困惑时，他们会向朋友或家人寻求帮助或支持，因此离婚的可能性更大。作为对比，财务援助或医学援助的支持类型与离婚的可能性无关。波特认为，这是因为那些可以获得家人或朋友情感支持的已婚人士，如果对婚姻不满意，他们更愿意通过结束婚姻来让日子过得更舒服；而缺乏情感支持的人只能是默默忍受。

当我们以传统的方式来思考单身生活时，我们通常会认为他们是可怜的，所以他们被冠以“光棍”或者“一人吃饱，全家不饿”的嘲讽名头。我们之所以可怜他们，是因为我们假设每个人都想结婚，同时夫妻生活比单身生活更幸福。但是，当从单身人士的角度来理解单身生活时，我们就有了一种全新的生活方式。

我有我的自由

在世俗的眼光里，单身通常被认为是孤独的与游离的。但是，如果换个角度来看，单身人士是航行在自己生活河流上的船的船长。在生活中，只要资源和机会允许，他们可以随心所欲地安排一切。这包括决定吃什么，什么时候睡觉，是否锻炼和健康饮食，而不用看其他人的眼色。对他们而言，单身的好处在于他们可以设计一种最适合他们的生活。

当然，这只是表面上的“放纵”。在更深层次，这是自由。单身人士可以利用他们的了无羁绊去做对他们而言真正重要的事情。例如，离开一个获利丰厚的职位去从事一项更有意义但收入很低的工作。而这种自由让他们的个人成长更快。一项在美国对单身人士与已婚人士的全国家庭调查表明，单身人士更具有心理学家德韦克所倡导的成长型思维：“对我来说，生活是一个不断学习、变化和成长的过程。”“我认为重要的是要有新的体验，挑战自己如何看待自己和世界。”而不是固定型思维：“很久以前，我就放弃了在生活中做出重大改进或改变的尝试。”

社会习俗经常将重视个人自由视为自私，断言基于对个人主义价值的追求最终只会带来痛苦。但是科学研究表明并非如此。一个对 31 个欧洲国家 20 多万人的大数据分析表明，信奉自由、创造力和尝试新事物等的价值观会让人更加快乐。虽然这个发现无论对于已婚人士还是单身人士都是成立的，但是单身人士比已婚人士从他们对自由的重视中所获得的幸福要更多一些。这是因为单身人士有更多自决权来实现个人自由。与已婚人士相比，单身人士更多认为“评价自我的标准应当是我认为重要的东西，而不是别人认为重要的东西”，“我对自己的观点有信心，即使它们与大多数人的想法不同”，较少地受到处于强势地位的人的影响。

同时，单身人士还有充足的时间去连接他们认为最重要的人，并在他们需要的时候提供帮助。在已婚人士看来，伴侣是生命中最重要的人，理所当然比其他人更受重视。这没有错，但是社会习俗通常要求已婚人士把伴侣视为唯一，这就会让他们忽视对朋友或亲戚的连接和付出。大量研究表明，已婚人士往往会变得更加孤僻，视野也更加狭窄。例如，已婚人士的一个永恒话题是“谁做了什么以及谁是否没有做或者没有做得足够多”：妻子可能会抱怨丧偶式育儿，丈夫在养育孩子中角色缺失；丈夫可能会哀叹中年危机，在事业和家庭的双重压力下“跑不动，也跑不掉”。

而单身人士则通过在朋友上的投资，收获了自尊。心理学家费舍尔对 279 名年轻人进行了长达两年的追踪研究。她发现，拥有良好的友谊有助于提升自尊，这是因为友谊能够通过“心理协调”的动力过程来增加归属感，而自尊的高低在一定程度上取决于归属感的强弱。更重要的是，随着时间的推移，单身人士对友谊的感觉会越来越好，于是这种归属感导致的自尊进一步提升。而伴侣之间则存在一个难于逾越的障碍，即“爱情优先于友谊”。这个障碍使得伴侣减少对友谊的投资，从而导致与朋友和亲人的纽带随着时间的推移而减弱。

更糟糕的是，并不是每一段恋情都会发展成婚姻，也并不是每一段婚姻都会走到终点，于是分手的伴侣在分手带来的痛苦以及意识到朋友已经疏远的双重打击之下，心无所依，自尊会受到极大的伤害。所以，一方面伴侣获得了亲密关系带来的愉悦，但是也不得不应对将亲密关系置于友谊之上的可能代价。

当然，追求个人自由也是有代价的，那就是孤独。夫妻之间的契约保证当一方需要陪伴的时候，另一方就会出现在面前，因为这是另一方的义务和责任。而朋友则不一样，即使是关系特别亲密的朋友。网上曾流行一张网友杜撰的“国际孤独评分表”，将孤独等级分为十级：从轻量级的“一个人逛超市”“一个人去餐厅”，到中级的“一个人吃火锅”“一个人去唱 K”，再到惨烈的“一个人搬家”“一个人做手术”。所以网上关于他们孤独的段子层出不穷，比如无论你何时约单身人士出来喝下午茶或者是去商场闲逛，他 / 她都回得飞快：“好啊，几点？”

的确，孤独是痛苦的，一些人正是因为对孤独的恐惧而选择了婚姻，凑合着过。但是，正如痛苦经历本身也蕴含了价值，孤独同样也是一种积极的力量——社会评论家戈尔尼克在《孤独的恐惧》一文中说：“孤独，一旦被揭开神秘面纱，你就会发现它不仅不会致命，而且可以成为开启心灵的源泉。如果你决心不被孤独所淹没，而是逆流而上，你就会发现它是你心灵中被忽略的强大力量。”

这就是孤独的另一面：错过的喜悦。

错过的喜悦：孤独的另一面

心理学家德保罗的课程非常有趣，很多学生选不上课。于是她设置了一个门槛：选课的学生必须独自一个人去咖啡厅喝咖啡，而且不能带杂志或者计算机，只能一个人什么事都不做地喝咖啡。

这个挑战吓退很多想选课的学生——他们可以一个人宅在宿舍里打游戏听音乐，但是无法鼓起勇气一个人出去喝咖啡。因为独自一人在咖啡厅、餐厅或者电影院，他们认为别人会盯着他们看，奇怪他们为什么没有朋友，甚至认为他们是失败者。

对他人看法的关注是孤独感的主要来源。心理学家让大学生独自一人在周末或者工作日去看电影，然后让他们报告所感受到的孤独感的强度。大学生们普遍报告在周末的时候独自一人去看电影会感觉更加孤独——因为周末的电影院里人山人海，所以会有更多的人注意到他们是单身一人；而在工作日，电影院的人寥寥无几，因此他们能更好地避开他人的注意。

但是，人们并不总是不愿意在公共场合独处。当人们去超市购买食品或去健身房锻炼身体时，他们更喜欢独自一人而不是和朋友在一起。同样，当心理学家允许大学生带笔记本电脑或课本独自一人去咖啡厅喝咖啡时，这些大学生就能轻松完成任务，没有任何为难。

所以，孤独感来自目标的缺失而不是独自一人本身。在咖啡厅独自一人喝咖啡而感到孤独，是因为我们把咖啡厅当成社交或工作而不是品尝咖啡的场所，所以一旦我们手里有了杂志或者电脑，我们就不在意是独自一人，因为我们此时有了目标。所以，通过寻找伴侣或者参加集会来摆脱孤独只是饮鸩止渴，因为他们的陪伴并不能解决目标的缺失。

想象一下，你正在一个热烈谈话的群体之中，但是他们谈话的内容与你的兴趣南辕北辙，或者他们谈话的观点肤浅而且空洞。这个时候，你不缺人的陪伴，但是你所体验的，是真正的孤独。此时，孤独的另一面是 JOMO（the Joy Of Missing Out），即错过的喜悦——我们会因为错过这样的聚会而喜悦。我们没有义务参加我们不感兴趣的聚会或者陪伴。此时，我们更愿意独自一人，享受 JOMO。

所以，真正摆脱孤独的办法，是过真实的生活，是过有目标的生活，是过对你而言最有意义的生活，而不是别人认为你应该过的生活。

怎样才能知道我们过的是真实的生活？根据心理学的“自我和谐理论”，那就要是追求适合我们的目标，从而成为真正的自我。如果我们选择了错误的目标，即我们追求的目标没有反映出我们真正是谁、我们关心什么、我们擅长什么，那么即使我们实现了这些目标，我们也不会感到快乐或者满足。所以，对一些选择单身的人而言，并不是他们没有能力去找到伴侣，或者不愿意把伴侣放到人际关系中最重要的位置，而是这根本就不是他们的目标。

心理学家谢尔顿在《成为真正自我的心理学》一书中给出了在设定目标或制订计划时的两种不同的感受。

当你设定目标或制订计划时：

A 型：

· 你感到矛盾；

· 你发现自己无法坚持到底；

· 当你与他人交谈时，你有时会贬低自己的目标或计划；

· 你有时感到你被其他人逼着去选择目标或制订计划；

· 你觉得有必要追求大众认可的目标（例如，攻读金融学位而不是文学学位，因为金融学位会带来更高的薪酬）；

· 你担心如果你不追求大众认可的目标，你会感到内疚。

B 型：

· 你喜欢你所追求的目标或设定的计划；

· 你认同你现在正在做的事情，而这些事情定义了你是一个怎样的人；

· 你觉得你正在做的事情有趣、有意义；

· 这是你喜欢的挑战；

· 你是否觉得你现在做的事情，即使不付给你任何报酬，你也想做它；

· 你更倾向于自我成长和自我完善，而不是别人对你的评价。

如果你在设定目标或制订计划时你更多的是有 B 型所描述的感觉，而不是 A 型所描述的感觉，那么你在成为真正的自我方面做得相当不错。

自我和谐理论的核心是关于你，而不是关于其他人。所以，你周围的人应当是使你更容易成为更好的你，而不是阻碍你。在工作场所，最好的上司，是试图看到你的动机和目标，试图给你选择和建议，并为这些选择和建议提供理由和意义；在日常生活中，最好的朋友或亲戚，是试图提醒你大众偏爱的目标未必会给你带来快乐，是试图理解你的决定而不是问你“收入多少，职位什么时候会晋升，什么时候结婚，什么时候生娃”等等。你周围的人，应当是对真实的你的认可，以及鼓励你如何过上最有意义和最真实的生活。

遗憾的是，婚姻或者亲密关系通常会让你把另外一半的感受和意见放到最高的优先级，而单身则能够选择谁可以成为自己周围的人，使自己成为更好的自己。

单身的挑战：孩子

除了孤独，单身人士还必须面临一个现实的问题：没有孩子。

一项对美国1180名年龄在25~45岁之间没有孩子的已婚或单身女性的调查表明，女性对于没有孩子普遍感到不幸福。这种不幸福的感受，有的是来自同辈的对比，例如："当我认识的人怀孕时，我会感到悲伤"，"我忍不住把自己和有孩子的朋友们相比"；有的是来自对母性的渴望，例如："假期对我来说特别困难，因为我没有孩子"，"有孩子对我作为一个女人的完整感很重要"；有的是来自家庭的压力，例如："孩子对我父母很重要"，"没有孩子是因为太考虑自己的利益和生活"；等等。

有趣的是，研究者进一步探讨了这些女性没有孩子的原因，大致可以分为3类：（1）生育障碍，即不孕不育；（2）情境障碍，即想要孩子，但是心理或者经济等还没有准备好；（3）自己的选择。研究者发现，有生育障碍的女性对没有孩子感到最痛苦，而选择不生孩子的女性则感受最少，而情景障碍基于两者之间。所以说，关于生孩子，来自父母或者同辈的压力并不重要，女性之所以因为没有孩子而感到痛苦，是源于她们自己的愿望。也就是说，如果做一个母亲是女性所期望的，同时也是她们作为一个女人的身份体现，那么没有孩子是痛苦的。

特别是在是否生育孩子这件事上，女性面临的压力会远远大于男性，这是因为社会习俗将母亲与女性紧密捆绑在一起——没有孩子，就意味着女性的不完整。相比之下，男人可以声称自己是“真正的男人”，而不是父亲。那么，一个重要的问题是，为什么有些女性不想要孩子？

历史学家克里斯蒂尔在《关于无孩子家庭的历史与生活哲学》中回顾了过去 500 年西欧和美国那些选择不生育的家庭。她发现，从 16 世纪开始，在欧洲西北部的城市中，无子女家庭已经普遍存在，即使没有孩子的女性可能被怀疑是因为学习了巫术而被处以绞刑。与无孩子家庭同时发生的是生育率普遍下降。例如，在 19 世纪，美国白人女性平均有七个孩子，而到了 20 世纪，她们就只有三个左右的孩子，甚至有近 20% 的女性没有孩子。所以，从大的趋势来看，婴儿潮反而是一个不正常现象，最长持续时间不超过 20 年。进入 20 世纪下半叶，不生育孩子不再是西方社会独特的现象，而成为跨文化、跨地域所有文化的一个普遍特征——人们对无子女的认同越来越高。

对于无孩子家庭比例的上升，一种可能的解释是避孕药等避孕手段的出现使得生育与性彻底分离，同时经济全球化导致的人口频繁迁徙使得“养儿防老”不再成为生育的理由。但是，克里斯蒂尔认为个人观念和社会态度的改变更为重要。在个人层面，人们越来越接受选择传统家庭以外的东西，例如教育、工作等。这也是为什么无子女的女性通常受教育程度更高，宗教信仰更少，对职业更投入，更城市化，同时收入也更高、经济更独立。在社会层面，无子女在以前被认为是羞耻和可怜的，是身体的缺陷，而现代社会更多地把它与个人对自由的追求联系在一起。

可是，等她们老了，难道她们就不后悔吗？克里斯蒂尔的进一步调查表明，与主动选择不生孩子的女性相比，那些想生孩子但是因为某些原因错过的女性更容易表达遗憾。克里斯蒂尔说，遗憾不仅仅是我们个人思考的结果，它也是一种文化压力之下的感受。例如，女性通常会被告知，只有一种方法可以实现幸福，那就是孩子；如果没有孩子，那么女性就注定不会感到满足。其实，对主动选择不生孩子的人来说，他们并非注定生活在空虚之中。相反，他们可以塑造更为宏大、更有意义的生活，因为一些原本因成为父母而被关闭的机会，现在则可能对他们敞开。因此，他们可以追求与为人父母无关的激情和人生道路。

所以，与其担心所做的选择是否正确，不如充分利用我们的选择来追求美好的生活。

心理富足：超越享乐与幸福

我们都想拥有美好的生活，但是，什么是“美好”？对于不同的人，美好的生活可能指的是完全不同的生活方式与目标。在心理学中，美好的生活通常被分为“享乐的生活”和“幸福的生活”。

享乐的生活具有稳定、安全、愉悦、享受、舒适等特征。要获得这样的生活，就需要一定的运气与财富。例如，只有当我们既有足够的物质财富来满足吃饭睡觉的需求，同时又运气好地生活在一个没有战乱、治安良好的地区时，享乐的生活才有可能发生。享乐生活很容易被理解为没有激情或者肤浅，但是这是错误的，因为快乐、稳定和安全是美好生活的基石。

与此相对的是幸福的生活。在心理学的字典里，幸福是有意义的快乐。这种生活是一种有目的、有意义和服务他人与社会的生活。选择这种生活的人通常有远大的目标和抱负，能够理解自己的前进方向，并感到生活的意义。例如，硅谷“钢铁侠”马斯克经常问自己："因为特斯拉的出现，世界向可持续能源模式转变提前了多少年。"积极心理学创始人、纳粹大屠杀幸存者弗兰克尔清楚地诠释了这种生活方式："一个知道自己为什么而活的人能够忍受任何一种生活。"所以，幸福的生活并不需要好的运气或者富足的财富，因为他们在道德、伦理和价值观的引导下，通过为更大的群体或事业做出贡献来享受幸福的生活。

近年来，随着自我表达的个人主义的兴起与壮大，一种全新的美好生活开始出现。他们的运气或财富并非充裕，同时选择的也并非是有目的、有意义的生活；他们追寻的是新奇的体验，在文学、体育、音乐和艺术等之中寻求生活之美。这种美好，来自对内心探索，来自对日常琐事的体验；在他们眼中，生活的一切是为了让内心更加充盈，更加富足。心理学家贝赛尔和欧斯习将这种美好的生活称为：心理富足的生活（Psychological Richness），即一种以有趣和丰富经历为目标的生活。

心理富足的生活具有三个特征。第一是多样性，即生活充满了独特、不同寻常的经历。经历过灾难和悲剧的人不会说他们的生活因此变得更加幸福，但他们会注意到他们的心理世界因此变得更加富足。例如，离婚可能是痛苦的，但它可以打破我们对亲密关系的固有看法，从而在下一段亲密关系中去探索新的可能。第二是趣味性，即生活由很多有趣的经历组成。喜欢心理富足的人会选择出国留学而不是继续留在国内读书，会在日常工作的闲暇时间短途旅行或者潜海冲浪而不是宅家读书、烹饪，因为这些具有挑战性或戏剧性的经历会让生活充满乐趣。最后是视角转变。新奇而非常规的工作通常使得过程远比结果更为重要。在追求心理富足的人看来，“与其不断重复一句不会错的话，不如试着讲一句错话”。所以，作为学生，他们会挑选更具挑战性的课程，更多地关心学习本身，而不仅仅是取得好成绩。这些富有挑战的、充满不确定的生活事件，时刻展现了不同的观点以及生活的复杂性。正因如此，他们知识渊博，并深刻地意识到他们所知道的只是事实的一部分，而非全部。所以，在心理富足的人眼中，无论是消极情绪还是积极情绪，都是值得珍惜的情绪，因为这会让他们体验到更为强烈和浓郁的生活，并串成一个个不同寻常的、引人入胜的故事。正如诗人万夏所说：“仅我腐朽的一面，就够你享用一生。”

与追求享乐生活的人不同，心理富足的人对新奇刺激或者观点更为开放和好奇；与寻找生命的意义的人不同，心理富足的人并不把意义创造或个人成长作为动机或结果。但是，最大的区别来自他们对自由的看法。虽然人人都热爱自由，但是喜欢享乐生活或者有意义生活的人更倾向于维持社会秩序和现状；而对于那些追求心理富足的人，他们把自由作为生活最本质的核心，他们期待社会的变革，去除生活中的陈词滥调，条条框框。所以，Beyond 乐队的《海阔天空》是心理富足的生活方式的最好注释："原谅我这一生不羁放纵爱自由，也会怕有一天会跌倒 / 背弃了理想谁人都可以，哪会怕有一天只你共我 / 仍然自由自我，永远高唱我歌，走遍千里。"

对任何一种美好生活方式的选择，并无高下之分。如果生来就是喜欢稳定的生活和享受自己，同时有较为充裕的金钱、时间和人际关系等资源，那么享乐的生活无疑是最佳的选择；如果善于思考、拥有较高的道德原则，并喜欢寻求事情背后的意义，喜欢成为社会不可分割的一部分，那么有意义的生活是最适合的生活方式。但是，如果喜欢的是偶然与意外，对不确定充满好奇与渴望，而不是愿意一直和同一个人或几个人在一起，也不只是以达到目标为唯一目的，那么心理富足的生活则是首选。

一个研究调查了印度、新加坡、安哥拉、日本、韩国、挪威、葡萄牙、德国和美国 9 个国家对这三种美好生活方式的偏好。大多数人选择了享乐生活（49.7%~69.9%），一部分人选择了有意义的生活（14.2%~38.5%），只有少数人（6.7%~16.8%）选择了心理富足的生活。虽然他们在人群中的比例不高，但是特立独行，表示即使牺牲享乐与意义，也不愿意接受或者适应生活带来的一切，而是努力去变异、去进化，看是不是还有其他的路径。

所以，在临终之际，过着享乐生活的人可能会说："我玩得很开心！"过着有意义生活的人可能会说："我改变了这个世界！"而心理富足的人则可能会说："这是一次多么美好的旅程！"

选择，其实就是一种自我表达

选择什么样的美好生活取决于你想在今后的生活中获得多少快乐、意义和心理富足。这样，你才知道需要从生活中移除什么，然后又把什么添加到生活之中。例如：

· 对于享乐生活，你不妨问问自己：是什么让你的生活充满了愉悦和快乐？你需要什么来保证稳定和安全？你拥有它们吗？

· 对于有意义的生活，你需要问自己：如何理解你的过去、现在和未来？你为什么要为这项事业奋斗，目的是什么？因为有了你，这个事业有什么变化；假如没有你，这个事业会有什么损失？

· 对于心理富足，你不妨问问自己：有趣与新奇为什么对你如此重要？需要找到什么才会让你的生活更有趣、更有挑战？如何在日常生活中寻找美的、不一样的色彩？

更重要的是，你需要知道：在当下，你与快乐、意义和富足这三个美好生活的要素的关系是什么？这三种生活方式，如果迫选，你更想要哪一个？

哲学家克尔凯郭尔认为，一个有着受人尊敬的工作、可爱的孩子以及稳定的家庭的已婚人士或主动、或被动地选择传统的、安全的、稳定的生活方式，所以他们大多会过着快乐而有意义的生活。但是，他们所经历的，一定不是充满变化、跌宕起伏的非传统的、不稳定的、不妥协的生活。

而选择单身的人，则更可能选择心理富足的生活。心理学家鲍克专门研究了那些更倾向于独来独往的人。他发现这些人至少可以分为三类。第一类是害羞的人，他们通常因为害羞而拒绝和他人交往，虽然他们极度渴望他人的陪伴；第二类是回避者，他们尽量避免和他人待在一起，他们或主动或因为被拒绝而不断远离其他人。第三类是被称为“不合群”的人，他们既不渴望在未来与人交往，也不抱怨过去曾被人拒绝。他们更愿意停留在当下，享受此时属于自己的时光。

对这类“不合群”的人的进一步人格分析发现，他们的确不善于或者不愿意维持长期的亲密关系——初次见面，他们通常不愿意提供联系信息。随着交往的不断深入，他们一旦发现这亲密关系不是他们所期待的或者令他们满意的，他们更有可能提出分手。这也是他们大多数单身的原因。但是，他们的思想更开放，对新奇的事物充满好奇和探索兴趣，把生活当成一个不断学习、不断变化和不断成长的过程，因此有更高的创造力。同时，他们更关注个人成长和变化，更倾向于以自我认为重要的东西来评价自己，而不是以别人认为重要的东西来判断自己。自给自足，拥有对自己的绝对控制，想对大小事情都做出自己的决定是他们的独来独往的根本原因。

所以，他们会选择冒险和挑战，而不是选择赚钱，或从事有意义的工作。同时，他们不会追随偶像或者“大人物”；他们崇拜偶像，但是是崇拜偶像的行为，而非偶像本身。所以，这种性格决定了他们不会把自己的生活安排在伴侣周围，虽然他们会花时间和他们认为有价值的人在一起，关心他们，但是他们不会把其他人放在生活的中心。他们才是自己的中心。

从这个意义上讲，单身不是因为社交恐惧而不得不与社会脱钩的结果，而是来自自我表达的选择——选择追求内心充盈，心理富足的结果。单身不是目的而只是一个副产品，自由表达才是。

结语

当然，美好生活并不只能是三种中的一种，因为享乐、意义和心理富足并不相互排斥。相反，它们还会互相促进——当追求其中一个，另外两个可能会自然涌现。例如，稳定、富有安全感的享乐生活可以是追求个人成长和心理富足的基础——这正如马斯洛的需求层次，通常情况下只有当我们的基本生理需求和安全需求得到满足时，我们才会去追求自我价值、自我实现等更高层次的需求。再如，如果想要过有意义的、有价值的生活，那么开放的心态与丰富的经历会使得我们能从更多维、更宏观的视野来理解意义和价值。最后，追求新奇的刺激与挑战并不会给他人带来不便，相反，它给正在循规蹈矩或打拼事业的生活展示了另外一种可能：一种有趣多彩、自由自在的生活方式。

这正如心理学家考夫曼所说：“幸福来源于在生活中将意义（我所做的事对社会很重要）、享乐（我的生活很稳定和惬意）和真实（我直视我内心的呼唤）的和谐结合。”所以，单身也好婚姻也好，都只是形式而非目的。同样，自我表达也并非是唯一目的，它只是提醒我们：在履行家庭职责、服务社会之外，我们还需要问问自己：什么是我想要的？

PART3 第三章

沟通与理解

01

化解冲突：经营爱情

高更是法国后印象派画家、雕塑家，与凡·高、塞尚并称为“后印象派三杰”。在他的画中，他使用强烈的色调，拒绝采用透视法而采用了平面的二维形式来传达纯粹的感受和心灵的内容。这些富于表现力、质朴而又独具风格的绘画艺术为现代艺术奠定基础。

高更一开始并不是一位画家。1872 年，高更成为巴黎贝尔丹证券交易所的一名股票经纪人，与妻子和 5 个孩子在巴黎过着富有的、上等人的生活。1874 年，高更参观了在巴黎举行的首次印象派画展。他被这种风格的画深深震撼，有了一种成为一名画家的强烈愿望。但是，股票经纪人的工作占据了他所有的时间。

1883 年，高更事先未与妻子商量，毅然辞去贝尔丹证券交易所的职务，以便能整天绘画。为了紧缩开支，一家人不得不从物价昂贵的巴黎搬到消费低廉的鲁昂小镇。当高更把大量的时间花在画画上时，他的收入变得更少，婚姻开始出现危机。高更和他的妻子对当前的处境都不满意，但是他们不满的理由各不相同：高更更希望过着纯粹的画画的生活，而妻子更想回到过去那种富足的生活——重返巴黎，丈夫继续从事股票经纪人的工作。

在婚姻中出现这些不和谐之后，1885 年高更离开了妻子和 5 个孩子，带着绝对的真诚和坚定的信念，开始挖掘自己作为艺术家的潜能。1891 年，他决定逃离世俗的文明去寻找一种全新的生活，一种更适合他所崇尚的、原始大胆而又真诚的绘画风格的生活。于是，他航行到了南太平洋上被称为“最接近天堂的地方”的塔希提岛。除了一次短暂的返程之旅外，他在那里一直待到 1903 年逝世。在塔希提岛，他那些有关土著人的绘画作品，如《我们从哪里来？我们是什么？我们往哪里去？》等越来越有力度和个性。

图 3-1 《我们从何处来？我们是谁？我们向何处去？》（Where Do We Come From？ What Are We？ Where Are We Going？），法国画家保罗 · 高更，1897

虽然高更在贫病交加中去世，但是他实现了自己的潜能，成为世界上伟大的艺术家之一。但是，对于他抛弃家庭、抛妻弃子，追求自我实现这一行为，我们究竟应该如何评判呢？

一方面，他可以是一位富有责任的股票经纪人，与其深爱着的妻子和 5 个需要照顾的孩子共度一生。另一方面，高更感受到成为一名艺术家的呼唤。他究竟应该追随成为艺术家这一内心渴望，还是应该履行作为丈夫、父亲和家庭供养者的责任？生活中，当个人应担负的责任与内心要自我实现的呼唤发生对峙时，到底是哪一方更重要呢？

亲密关系

亚里士多德将人称为“社会性动物”，即人注定要和他人联系在一起。人与人的联结具有进化的意义——对我们的祖先而言，只有相互依存才能使族群得以生存。论单打独斗，人类的祖先远不是最厉害的捕食者，但是作为狩猎和采集者，以及抵御其他捕食者方面，他们通过集体行动获得了足够的力量。此外，因为进化的副作用，每一个足月生产的婴儿都是不具有生存能力、需要竭力照顾的早产儿。所以，只有男性和女性相互扶持，共同抚养，孩子才能得以成长。

刚出生的婴儿很快就会表现出许多社会性反应，其中首要的是爱。在父母注意婴儿的时候，他们会嘟嘟囔囔并且报以微笑；一旦和父母分离就会哭闹，而重新见到父母时，就会紧紧黏住不放。社会依恋作为一个强大的生存推动力，使得婴儿和父母保持着亲密的关系。如果剥夺儿童熟悉的依恋对象，儿童会变得沉默寡言、退缩甚至畏惧。

同时，对父母而言，社会性依恋是他们和孩子共生的纽带。如果将孩子从他们身边分开，父母会感到恐慌。例如，在以色列有一种乌托邦的集体社区，叫基布兹。基布兹社区过去主要从事农业生产（占全国的 40%），现在也从事工业和高科技产业（占全国的 9%）。在这个乌托邦的社区里，大家信奉的原则是“各尽所能，各取所需”：人人完全平等，一切财产和生产资料为全体成员所共有，衣食住行教育医疗全部免费，即没有私产，一起劳动，共同生活。

基布兹社区一切都运行得特别好，但是就一点例外。根据规定，基布兹社区里的儿童从小就要过着集体生活，由社区所有女性共同抚养。但是，时间一长，母亲就会要求孩子与自己同住，而不是让其他妇女集体抚养。几经斗争，这种共同抚养子女的乌托邦实验宣告失败，基布兹回到了半独立抚养模式：每天下午 4 点左右，基布兹的孩子们回到父母身边，与家人一起待到睡觉时间，然后由父母把他们送回集体宿舍，在那儿给他们唱童谣和催眠曲，然后在晚安声中吻别。

由于群居者比独居者更能生存并繁衍，所以今天的我们携带了那些预先注定我们与他人联结的基因——人与人之间的联结并没有因为世界的扩大而变少；相反，无论是选择结婚还是单身，我们终生都必然相互依赖，将人际关系作为我们生存的核心，并占据我们生活的大部分。例如，一项对超过 1 万人的日常生活记录研究发现：一天中，他们有 28% 的时间都是在与他人沟通和交流，这还不包括他们使用互联网技术远程与他人联结。微博、微信等社交媒体，一直是互联网流量的王者。

更重要的是，人类之所以有丰富的思想和多彩的情绪，正是因为那些真实甚至想象的亲密关系。如果有一个能提供精神支持、可相互信赖的伴侣，我们就会感到被接纳和被赞许；坠入情网，我们会感到有如在云端的愉悦。而爱与关怀，会使得我们的自尊维持在较高的水平。当被拒绝时，我们就会感到抑郁，生活乏味，度日如年。失恋的人、丧偶的人以及客居异乡的人，会因为社会联系的失去而变得沉默和孤独。失去精神上的伴侣，我们会变得嫉妒、发狂，对死亡和生命的脆弱变得更加敏感。

我们可以想象独自在塔希提岛的高更的精神状态：一方面，他被岛上的自然风光和本地居民深深吸引，使得他的艺术达到了前所未有的高度；另一方面，孤独紧紧包围着他，使他的健康受到极大的摧残——他曾服毒自杀，在后期，他心力交瘁，无法再握笔作画。

所以，即使在离婚率不断攀升的现代社会，美国一项对超过4万人的长期追踪调查显示，有40%的已婚者认为他们的生活是“非常幸福的”，而仅仅只有22%的未婚者、19%的离婚者和16%的分居者有同样的感受。精神病学家鲍尔比说：“与他人的亲密依恋关系构成了一个人生活的核心……人们都是通过这些亲密依恋来获得力量和享受生活的。”所以，作为亲密关系核心的婚姻，是值得我们每一个人去认真经营的。

背叛

高更无疑是一个伟大的艺术家，但是从亲密关系的角度来看，高更无疑也是一个自私的人。如果在亲密关系中的双方都不考虑对方，而只追求个人需求的满足，那么亲密关系就会结束。因此，社会礼仪告诉我们彼此之间要交换馈赠。心理学家哈特菲尔德将这称为“吸引的公平原则”：恋人从感情中所得到的，应该和他们各自投入的成正比。如果两个人的所得相同，那么他们的贡献也应该是相同的。在最原始的婚姻模式中，女性贡献生育资源，而男性则必须贡献物质资源；在现代的婚姻模式中，一项调查研究表明，在九种被人们认为是成功婚姻象征的事务中，“分担家务活”排在“忠诚”和“幸福的性生活”之后，位列第三。

但是，或许因为“自我服务偏差效应”。大部分人会觉得自己做的家务要比另一方认为的要多得多，或者因为认为亲密关系本就应该不平等，如“男尊女卑”的大男子主义，欺骗就会成为亲密关系中最容易发生的行为。于是，欺骗与反欺骗就成为亲密关系中时常出现的情景。

对人类而言，检测欺骗最常用的方法是看对方是否在撒谎。有多个线索用于检测谎言，如语言、表情、身体姿态等。这些线索，有些是撒谎的人容易控制的，有些是难以控制的。最容易控制的就是语言：比如“我爱你”，我们张口就能来，所以要根据话语的逻辑、前后一致性去推测它是否是谎言就比较困难。稍微难控制一点的是表情：我们可以装出欣喜的微笑或者悲伤的表情，但是我们并不是专业演员，所以伪装出来的表情总是有点不够逼真。更难控制的是伴随着我们语言的语音线索，比如声调的高低、语速的快慢等，因为这些语音线索，通常不能被我们的意识所控制。最难控制的就是我们的身体姿态或者动作，因为我们通常不会去关注我们手脚的摆放。

在撒谎的过程中，我们通常会用我们最容易控制的这一部分来撒谎，比如说语言，而我们很难或者很少去控制我们比较难控制的部分，如我们的肢体，而这部分是最容易检测出我们是否在撒谎的。

但遗憾的是，我们虽然是撒谎的专家，但是我们并不是测谎的专家。例如，当我们找两个朋友帮忙，两个朋友都笑着说没有问题。但是这两个朋友一个是真笑，真心愿意帮忙，而另一个只是假笑，敷衍了事而已。

图 3-2　难以判断的微表情

如何判断真笑还是假笑？我们通常的关注点是两个嘴角是不是向上翘起来了。但是，这个线索是特别容易伪装的。例如，你现在就可以轻而易举地让你的两个嘴角向上翘起来。而验证一个人是否在真笑，要看他的眼角。如果他的眼角出现了皱纹，那么说明他大概率是在真笑，而假笑的眼角是不会有明显的变化的。所以，我们可以得知，A 是真笑。当然，其实上翘的嘴角也是携带信息的——假笑中上翘的两个嘴角是不对称的。所以，在检测欺骗时，我们通常关注了错误的信息。

我们对通过身体姿态和行为来判断撒谎就更为随机了。例如，你可以尝试一下，在以下这四种表现中，哪一种或哪几种行为说明这个人在撒谎？

（A）他在说话的时候，眼睛不停地眨。

（B）他不敢直视你，眼睛经常盯住其他地方。

（C）他在跟你说话的时候，笑容要比平时少很多。

（D）他说话的时候，身体不停变换姿势。

正确答案是 A。当他在不停地眨眼睛的时候，表明他有可能是在撒谎，而其他三种行为表现都与撒谎没有关系。

这些例子都呼应了心理学研究的结果：我们成功检测谎言的正确率和抛硬币的正确率并没有显著差别。这是因为我们在日常的沟通中，所得到的绝大多数信息都是真实的，而遇到欺骗的情况总是极少数，所以我们的前提假设总是他人在说的是实话，而不是谎话，否则我们就会疑神疑鬼，不得安宁，甚至出现“迫害妄想”等妄想症。此外，测谎很难得到真实的反馈和验证。例如，你问你的朋友，“为什么昨天晚上没有接我的电话”。他说，“对不起啊，我身体不太舒服，所以早早就睡了，把手机也调成静音了”。在这种情况下，即使你怀疑他，你也可能永远不知道他昨天晚上是去鬼混了，还是真的不舒服很早睡觉了。最后，不同人采用的欺骗方式各不相同，花样层出不穷，难以应付。例如，男性和女性都是天生的撒谎者，但是他们采用了不同的方式。心理学家米利特总结道：“女性表达自己，男性压抑自己。”也就是说，女性更擅长把没有的东西伪装成有，比如一个女孩热情地说“我特别喜欢你”，但她内心深处可能并没有一丝一毫的爱意。而男性则是恰恰相反，他们更擅长把有的东西伪装成没有。比如问一位男性对那个漂亮的姑娘有没有好感时，或者他是不是爱上了别的女人，他通常会平静地、斩钉截铁地回答道：“没有，我只爱你一个。”内心如火山熔岩喷发，而表面则是风平浪静，波澜不惊。

基于我们检测欺骗的能力远逊于我们撒谎的能力这个残酷的事实，企图通过检测谎言而避免亲密关系中的背叛只能是镜中花、水中月。那么，如果以博弈的心态进入亲密关系，那么不仅会把对方的欺骗当成坦诚，也容易把对方的真诚当成谎言。于是，亲密关系就不可能持久，分手也就成为必然。

所以，维持亲密关系的核心，不是夫妻的博弈，不需要把背叛与反背叛作为婚姻的主题。夫妻之间的信任和互助，共同成长和共同经营才是对婚礼誓言“不论境遇好坏，不论家境贫富，不论疾病还是健康，永远相亲相爱，至死不分离”的真正践行。

公平的互惠

在中国古代的婚嫁制度中，有一个成语叫作“门当户对”，来源于元代王实甫的《西厢记》和清代曹雪芹的《红楼梦》等小说。成语中的“门当”与“户对”是古代民居建筑中大门的组成部分，是用于镇宅的建筑装饰。“门当”是指住宅门前的一对石鼓，借用鼓声宏大威严，有如雷霆，因此被认为能够避邪。文官的家用圆形的“门当”，武官的家用方形的“门当”。“户对”是置于门楣上或门楣双侧的砖雕或者木雕，通常柱长一尺左右，与地面平行，与门楣垂直，意在祈求人丁兴旺。“户对”的大小与官品职位的高低成正比：三品以下官宦人家的门上有两个门当，三品的有四个，二品的有六个，一品的是八个，而只有皇宫才能有九个，取九鼎至尊之意。所以，不用进门，远远一看，就知道这家的主人是几品的官员。所以，门当户对是指只有当家庭的社会地位和经济情况相对等时，才能交往或谈婚论嫁，否则朋友反目，夫妻不和。

古代社会推崇的基于社会经济地位的“门当户对”在当下的

社会也是适用的，只不过我们需要从物质拓展到精神。在日常生活中，人与人之间通过即时的利益交换来保证对等：你借给我课堂笔记，我邀请你参加聚会。但是，处于亲密关系的人并不在意这种利益交换，甚至还会努力避免。例如，我们坚信所谓真正的友谊是在几乎不可能得到回报的时候也会去帮助朋友。这个看似不计个人得失的帮助背后，是长期主义，即朋友之间更在乎长期的关系。人们看到朋友为了自己而牺牲了他的利益，他们彼此的信任就会有所增长，而信任的价值远大于物质利益。

夫妻之间更是如此，如果夫妻一方指出自己期望对方做出什么样的行为，这样做只会破坏他们之间的关系。只有当对方自愿做出某种正向的行为时，另一方才会体会到爱意。这种自愿的行为，就更要求双方的“资源”是相当的，因为一方的付出必须要达到另外一方的期望。例如，当一个宿舍的大学生们从家乡返校时，来自边远山区的同学带来的土特产和来自大城市的同学带来的潮品是对等的，但是一个“凤凰男”却很难用千里迢迢从家乡带来的土特产或者每天鞍前马后地跑腿来让“白富美”感到爱意。他需要的是展现自己的潜力，自己的才华与勤奋，为更好的未来而奋斗的承诺。

更重要的是，基于物质的门当户对可以一目了然，但是基于精神的门当户对则需要对另一方的深入了解。与一般的人际关系不一样，伴侣之间的关系是亲密无间的、是互相接纳的，所以伴侣此时应该从被动的被了解转向主动的真实展示。人本主义心理学家朱拉德称之为自我表达，即“扔掉我们的面具，真实地表现自己”。例如:“我喜欢自己的哪些方面，不喜欢自己的哪些方面？”或者“我最羞愧的事情是什么？最骄傲的事情是什么？”研究表明，这种敞开心扉并分享秘密是培养亲密关系的最佳方式，因为对他人敞开自我是向对方表达信任的最佳途径。同时，在表露了关于自己的重要信息后也会感觉更好，因为秘密带来的焦虑可以被信任所化解。这也是为什么作为一个性格内向的民族，中国人是如此重视酒文化——将醉未醉时的自我表达给彼此都带来喜悦感，于是在酒桌上，众人从一般的人际关系走向亲密。

有趣的是，人与人之间存在“表达互惠效应”：一个人的自我表达会引发对方的自我表达。需要注意的是，自我表达并不会立刻带来亲密关系。事实上，如果亲密关系立即产生，那么这个人反而会显得不谨慎和不可靠。健康的亲密关系的发展过程有如跳舞一样：我表达一点，你表达一点，但不要太多。然后，你再表达一些，而我也会做出进一步的回应。于是，亲密关系不断加深，而亲密关系的加深会创造出激情的体验，热恋就此开始。

一方的自我表达离不开另一方的支持。在对方表达自己时，一个好的倾听者首先要善于让人敞开心扉。在交谈中，要有高度注意的面部表情和显得很乐意倾听的姿态，而不是对方说话，自己低头摆弄手机。同时，在对方说话时，应该时不时地插一些支持性的话语，以此表达自己对交谈的兴趣。但是记住：不要加入价值判断，断然给出对错的反馈。此外，还要善于发问，引导对方表达自己。

那么应该如何发问呢？基于《迈尔斯－布里格斯类型指标（MBTI）》的“爱情36问”就有不少这样的好问题：

· 你希望成名吗？在哪一方面？

· 对你而言，怎样才算是“完美”的一天？

· 假如可以改变你成长过程中的任何事，你希望有哪些改变？

· 如果你明天醒来时能得到一种新的能力或者品格，你想要什么？

·如果有个水晶球可以预测你的未来以及一切，你想要知道什么？

·有没有什么是你梦寐以求的东西？为什么没有做？

·你人生中最大的成就是什么？

·友谊中你最珍惜的是什么？

·你最难忘的回忆是什么？

·你最糟糕的记忆是什么？

·如果你知道你只有一年的寿命了，你会改变你的生活方式吗？为什么？

·你觉得你的恋人应该有的美好品质是什么？

·如果我想成为你的好朋友，我最应该知道关于你的事情是什么？

·有什么事情是不能随便对你开玩笑的？

·如果你今夜就会死去，而且没有机会和任何人说，你最遗憾的没有说出口的话是？为什么你还没有告诉他？

人本心理学家罗杰斯把这些人称为“促进成长”的听众——他们不仅愿意真正表达自己的情感，而且愿意接纳他人的情感，是具有高同理心的人。

大量的研究表明，那些总是把自己隐私的感情以及想法与自己的伴侣分享的夫妻，往往对婚姻的满意度也是最高的，而那些特别沉默寡言的人，他们的婚姻常常以离婚告终。所以，与其在欺骗和反欺骗的博弈与猜疑中艰难前行，不如自我表达，坦诚相对。古罗马政治家、戏剧作家塞涅卡这样说道:“当我和好友在一起时，就像跟我自己在一起一样，我可以想说什么就说什么。”婚姻也正是这种友谊，它以彼此的忠诚和信任为特征。

现代的婚姻已经从“制度化婚姻”的模式进化到“自我表达婚姻”的模式，恋爱的双方越来越倾向于表达自己内在的感受，并乐于享受由信任和自我表达而带来的满足感。这正是亲密关系的精髓——相互联系、相互倾诉、进而相互认同，同时又各自保持其个性、彼此独立存在，最终“我”即“我们”，成长为一个更大、更稳定、更积极向上的新“自我”。

人际类型

亲密关系建立的目的之一，就是当我们在遇到困难时，能够从其他人那里得到支持。但是，并不是所有的人都是这样的，有一些人在压力条件下，会试图远离他人，并通过独处一段时间让自己从压力中解脱出来。高更便是如此。在 1886 年他患病住院、穷困潦倒、绘画事业陷入低谷之际，他并没有选择向他妻子或者他的友人求助，而是登上了“圣纳泽尔”号船，先后到了南美洲的巴拿马、特立尼达和多巴哥、马提尼克岛等。

心理学家格里奇通过研究情侣之间的求助模式，来了解人际关系中的交往类型。格里奇教授告诉一对情侣关系中的男性，作为实验的一部分，他将经历一种紧张的、不愉快的体验：“在接下来的几分钟里，你将暴露在一个令人相当焦虑和难受的实验情景之中。由于这个实验的特殊性，现在我们不能再告诉你任何信息。”这段话的目的是让这位男性在压力下产生焦虑。同时，格里奇教授的助手在另外一间屋告诉这对情侣中的女性，她的男友将参加一个需要他积极表现的讨论。之后，两人被带到一个幽暗的、没有窗户的房间里。格里奇教授告诉这对情侣，实验仪器还没有准备好，他们得在这里等 5~10 分钟，然后就离去了。隐蔽的录像机记录下他们在这等待的 5 分钟的行为表现。

格里奇教授发现，并不是所有的男性在压力情景下都会向女友寻求帮助，即使女友主动向他询问是否需要帮助；女性也类似：并不是所有的女性都回应男友的求助，她只是默默地坐着，心不在焉地听着男性抱怨他的压力和紧张。格里奇教授借助儿童心理学中描述父母与孩子的关系的“依恋”概念，将亲密关系中男女之间的交往模式分成了“安全依恋型”和“回避依恋型”。

你可以阅读以下的描述，并选择最适合你的描述，从而判断你在亲密关系中，是哪种类型。

A. 和其他人在一起时我感到很舒服，并很容易与人建立亲密的友谊关系。当其他人依靠我时，我也很容易依靠他们，并为此感到高兴。我不担心被抛弃，别人想要亲近我是件很容易的事情。

B. 有时，当我和其他人距离太近时，我会紧张。我不是非常信任他人，我不喜欢他人做某事时依靠我。当他人与我的关系比较亲近，或者要求我对他们做出情感上的承诺时，我会变得焦虑不安。人们经常希望我表现得更亲密一些。

如果描述 A 更适合你，那么你在亲密关系中是“安全依恋型”人际关系风格；如果描述 B 更适合你，那么你在亲密关系中是“回避依恋型”人际关系风格。

进一步的研究发现，还有一类人介于安全依恋型和回避依恋型之间，称为“矛盾依恋型”。他们的特征是：“在人际关系上，我经常担心其他人不是真的想和我在一起，或者不是真正地爱我。我经常希望我的朋友能够与我分享更多的信任。也许是我迫切地准备与他们建立亲密关系，或者特别希望他们成为我的生活中心，这让他们感到惊慌失措，无法忍受，导致他们一个个离我而去。”

在亲密关系中，最理想的人际关系是安全依恋型。他们在亲密关系中很少遇到问题。这是因为他们信任他人，在需要支持的时候会积极地寻求支持，同时也会给伴侣更多情感上的支持。因此，他们容易与别人形成亲密关系，并且不会由于对别人太过依赖或被抛弃而感到苦恼。这种交往类型的人在工作满意度、家庭满意度、社会角色满意度以及压力情景下的生活事件满意度等的得分都是最高的。

而回避依恋型的典型特征是很难信任他人，他们通常怀疑他人行动的动机，害怕做出承诺，不愿依赖他人，因为他们担心自己会被拒绝。所以，为了避免被人拒绝，他们通常会先拒绝他人，即使是他人善意的帮助。心理学家霍洛维茨总结为，回避依恋型的个体要么对亲密关系充满恐惧——“与别人太接近令我感到不舒服”，要么是冷淡、疏离——“感到独立和自给自足对我来说很重要”。

最后，矛盾依恋型的人对人际关系表现出极高的敏感性和不稳定性，他们过分依赖同伴和朋友，并且要求苛刻，轻微的走神与忽视就容易被认为是背叛。

更有趣的是，心理学家戴维斯和斯腾伯格等人发现：朋友之间、情侣或配偶之间的亲密关系与亲子之间的亲密关系极其相似。例如，在所有与爱有关的依恋中都有一些共同的元素：双方的理解，提供和接受支持，重视并享受和相爱的人在一起。心理学家谢弗等人进一步发现，婴儿与父母之间表现出的强烈感情，和激情之爱十分类似：期望得到爱抚，分离时倍感沮丧，重聚时极度喜悦等；甚至婴儿看见父母的照片时，他们的大脑活动与成人看到热恋中的情人的照片时大脑的活动十分类似。所以，从这个角度上讲，“女儿是父亲的前世情人”并不是比喻，而是事实。谢弗等人于是猜测，成人在亲密关系的交往模式，其实是婴儿与父母交往方式的延续。

研究结果表明的确如此。70% 的婴儿表现出成人安全依恋型的模式。当婴儿被放在一个陌生的环境里时，如果母亲在场，他们就会很舒适地玩耍，快乐地探索这个环境，而母亲一旦离开，他们就会变得紧张。当母亲重新回来之后，他们会跑向母亲，抱住她一会儿，然后才放开母亲继续刚才的探索和玩耍。

大约 20% 的婴儿在与母亲分别时很少表现出不安；当母亲出现时，他们也很少表现出对母亲的依附。在父母的眼里他们是“不黏人”的好宝宝，但实际上这种回避型的交往方式在他们长大成人之后会有很大的问题。他们很少会形成真正的亲密关系，而更习惯卷入没有承诺、没有情感交流、只有性关系的短期恋情。

大约 10% 的婴儿表现出类似于成人矛盾依恋型的，以焦虑和矛盾为标志的不安全感。在陌生情境中，他们更容易紧紧地缠着母亲，只在母亲周围活动。母亲一旦离开，他们通常会号啕大哭，但当母亲回来时，他们又表现出强烈的排斥甚至敌意。他们长大成人后，会对伴侣会表现出强烈的占有欲和嫉妒心。当亲密关系遇到困难时，他们容易出现易怒的情绪或者过激的行为。

虽然有多种原因会导致婴儿形成不同的依恋类型，但是一个对 62 种不同文化的研究表明，婴儿的人际关系更多的与父母的教养方式有密切的关系。简而言之，父母如何与孩子发展出怎样的亲密关系，孩子在长大后也将与他的伴侣发展出什么样的亲密关系。从这个角度上讲，原生家庭的诅咒在一定程度上会代际相传：从婚姻关系紧张甚至冲突的环境里成长的孩子，他们将来的婚姻也在一定程度上可能会出现紧张或者冲突。

幸运的是，人们即便是在儿童期经历了最糟糕的人际关系，依然可以摆脱宿命，挣脱原生家庭的诅咒。虽然他们会经历一些挫折，但是在成长中甚至成人之后的积极经历可以补偿早期的负面人际关系——在充满关怀与爱的人际关系中，他们可以从拒绝、怀疑的初始设置中，重新生长出安全、信任的心理模式。

结语

法国有一句著名的谚语:“爱情消磨了时间，时间也消磨了爱情。”这也是为什么长久的爱情总是那么稀少，所以我们必须付出努力才能防止爱情的衰退。

长久的婚姻并不简单的是夫妻双方花多长的时间相处，而是要像心理学家哈维所指出的那样，要“用心照顾”我们的亲密关系。婚姻幸福的要素不是生活地位的匹配或者钱财的给予，而是心意相通、性的亲密、平等地给予和获取情感与物质资源。更重要的是，自我表达并倾听对方的困惑、感伤、喜爱和梦想，并给予积极的回应，从而努力使婚姻达到理想的完美境界。

婚姻关系研究者诺勒在分析了全世界不同文化下的成功与失败的婚姻后总结道:“爱情本身就包括对差异和缺点的承认和接纳；爱情是在内心决定去爱一个人并对其做出长相厮守的承诺。爱情是可以经营的，它需要相爱的人共同去培育。”

在美国作家威廉姆斯的童书《毛绒小兔》里，毛绒兔问她的好朋友老皮马，怎样才能变成一只真正的、有血有肉的兔子。

老皮马回答道："真实并不能被制造出来；它只会自然而然发生——当一个小朋友非常非常地爱了你很久很久——并且他不只是想和你玩，而是真正地爱你——那么你就会变成真实。"

毛绒兔问道："那我会受伤吗，会痛吗？"

"有些时候，会的。"老皮马诚实地回答道，"但是如果能变成真的，你是不会介意这些伤痛的。"

"那这是一下子就发生的吗？"毛绒兔问，"还是一点一点慢慢地发生的？"

"不会是一下子发生的，"老皮马慢慢地解释道，"这需要很长的时间。这就是为什么真实通常不会发生在那些或朝三暮四而轻易分手，或棱角锋利而不知妥协，或敏感脆弱而需要时时照料的人身上。一般来说，等到真实终于降临的那一天，你的大部分毛发已经脱落，眼花耳聋，关节不再灵便，而容颜也不再光彩如昔。但是，这都不重要，因为一旦变成真的，你就永远不可能是丑陋的了，除非他不懂你的爱。”

02

同理心：你在，故我在

1852 年，斯托夫人出版了《汤姆叔叔的小屋》一书。这部反奴隶制的长篇小说成为 19 世纪全世界最畅销的小说，是仅次于《圣经》的第二畅销书。时至今日,《汤姆叔叔的小屋》也是有史以来最多人阅读，影响最大的小说，没有之一。1862 年，当她与林肯总统见面时，林肯这么对她说:“原来你就是那位写书引发战争的小妇人！”林肯并没有夸张——美国著名作家萨姆纳说:“要是没有斯托夫人的《汤姆叔叔的小屋》，林肯也就不可能当选为美国总统。”

但是，斯托夫人从未提到她为什么要写这本反奴隶制的政治小说。1811 年，斯托夫人出生于美国北方新英格兰地区的富裕家庭，婚后她住在美国东部和西部，未去过奴隶制泛滥的美国南部各州。她唯一接触的黑人是自己的仆人。虽然那个时代的重要政治议题是奴隶制度，她的几个兄弟都是废奴主义者，对盛行于南部各州惨无人道的奴隶经济感到不满。但是，斯托夫人对于这个问题兴味索然，她更关心的是女性受教育以及照顾自己的孩子。

是什么样的动机促使她去关注受压迫的黑人，写出这本被美国图书馆协会主席称之为“影响世界历史”的写实主义小说的?

传记小说家对斯托夫人的生活经历进行了详细的分析，认为这个动机就是她早逝的孩子——查理。查理出生于1848年，是斯托夫人最宠爱的孩子，被斯托夫人称为“我的骄傲与快乐”。但在一岁半的时候，查理因为霍乱而去世，斯托夫人深深地沉浸于查理在床上痛苦挣扎而她却无能为力的无助感之中。这种亲子分离的痛苦，让她终于理解了黑奴妇女在面对自己的孩子被贩卖时分离的痛苦。斯托夫人在日记里写道:“当我徘徊在他临终的床边，在他的墓旁，我才了解可怜的奴隶母亲面对儿女分离时内心那锥心刺骨的痛……我写下我所做的，因为身为女人，身为母亲，我对于我所看到的悲伤与不义感到痛心疾首。”

痛苦，让斯托夫人跨越了种族的藩篱，打破了阶级的障碍，使她感受到其他与她全然不同的人的痛苦，从而全力投入反奴隶制的工作。在她的小说里，母子分离始终是最重要的主题。

我们每个人都曾有过痛苦与悲伤的至暗时刻，而这同样也可以成为我们成长的契机。因为痛苦并不只是一种消极的情绪，需要立刻去终止；痛苦本身也有积极的一面——痛苦越重，蕴含的能量就越高，使我们越有可能突破原有的束缚，超越自卑，甚至跨越人与人之间的隔阂，去慰藉他人的不幸。正如斯托夫人在《汤姆叔叔的小屋》里这样写道："世界上有这样一些有福的人：他们把自己的痛苦化作了他人的幸福；他们毅然埋葬了自己人生的希冀，却让之变成种子，长出了鲜花和芬芳，为了孤苦的人医治创伤。"

这些有福的人，都具有一个共性——他们都是有同理心的人，所以他们能接纳痛苦，理解痛苦，最后升华痛苦。

同理心是有效沟通的核心

加拿大不列颠哥伦比亚省水利公司的总裁埃尔顿是加拿大富有的 CEO 之一，但是他最引以为豪的是他的家庭。结婚 30 年来，他与他的妻子相敬如宾，宛如高中时代的初恋。一次，他在公司内部大会上分享了他的秘诀，那就是“沟通交流”——这不仅让他在事业上成功，同时也拥有完美长久的婚姻。

但是，并不是所有的沟通交流都是有效的。事实上，大部分的沟通不仅不会解决问题，而且会激化矛盾。

例如，一个女孩向她的闺密抱怨:“我真蠢，我怎么会相信这么一个人？”然而她等来的回答却是:“想不到你一向骄傲自大，如今终于承认自己的愚蠢了，真是难得啊。”

闺密的本意是让她反省，以后别犯类似的错误，但是她采用的却是讥讽的口吻。这不仅不能安慰对方，而且还会进一步激化对方的负面情绪，最后完全有可能是大吵一架。

再如，一个女孩抱怨道："妈妈特别不尊重我，每次都打断我说的话，总是让我赞同她说得对，让我按她的要求去做。"但是闺密却回答道："你怎么能这样批评你妈妈呢？她毕竟是你妈妈，你怎么能不尊敬她呢？"

闺密的这个回答从表面上是在讲理，让抱怨的人看到事物的另外一方面，但是她武断地批评了对方，中止了理解这个女孩的感受，而没有去从根本解决她的问题。与此类似的说法还有：当一个小孩做错了事，给他人带来了伤害，面对指责时，父母却总是这样回答："他还只是个孩子。"

以上的沟通都是无效的沟通，是情商低的解决方式，通常不仅不能解决问题，甚至还会造成冲突。在亲密关系中，如果经常采用的是这种沟通方式，那么亲密程度就会极大地下降。所以，亲密关系的维持，不在于"沟通"，而在于"有效沟通"。有效沟通的基石则是同理心。

什么是同理心？简单来说，同理心就是想象自己站在对方的立场，借此了解对方的感受与看法，然后再思考自己要怎么做。同理心是从英文的 empathy 翻译而来，而 empathy 的词源则来自德文 Einfühlung——它的字面意思是“感情带入”，由 19 世纪德国哲学家立普斯用于描述人对艺术作品所做出情感上而非理性上的反应。弗洛伊德对这个概念非常欣赏，在他的精神分析理论里，他用 Einfühlung 来描述人们将小时候对父母未满足的依恋转移到对咨询师、教师、上司等的亲密情感。中文将之翻译为“移情”。

1909 年，美国心理学家铁钦纳认为英文也应该有对应于 Einfühlung 的词。于是，他根据古希腊文 empatheia 创造了 empathy 这个词。古希腊文 empatheia 由两个词根组成：em+（in：进入）和 patheia（passion or suffering：激情或痛苦），即体验他人的激情或痛苦。自体心理学派的创始人科胡特进一步阐述，empathy 就是“进入另一个人的内心世界，但同时保持着客观观察者的立场”。所以，中文也将 empathy 翻译成“共情”。

虽然同理心从词源上讲是一个新词，但是同理心却不是一种近代人类才发展出来的能力。事实上，动物也有同理心。

达尔文在《人类的由来》中描述了狗与马会因为同伴分离而

伤心难过；博物学家克鲁泡特金在《互助论》中说绝大多数的动物——从蚂蚁到鹈鹕，从土拨鼠到人类，都会分享食物、保护彼此免受掠食者的攻击。例如：野马与麝香牛会以幼兽为中心围成一个圆圈，以防止狼群的攻击。灵长类动物学家德瓦尔观察到黑猩猩的安慰行为——当群体中有黑猩猩在打斗中败下阵或者从树上掉下而痛苦时，其他黑猩猩就会过来安慰它——它们会拥抱这只黑猩猩，或试着亲吻与理毛来让它恢复平静。

德瓦尔教授进一步做了一个实验以展示动物的同理心。他把两只卷尾猴放在一起，其中一只需要用代币来与研究人员交换食物。德瓦尔教授给了卷尾猴两枚不同颜色的代币，分别代表不同的意思：一枚代表“我”——如果负责交换的猴子用这枚代币进行交换，那么它将获得一个苹果，而另一只猴子什么也得不到；一枚代表“我们”，即两只猴子都将获得一个苹果。随着实验的进行，负责交换的猴子选择“我们”的代币次数越来越多，显示它们确实关心彼此的福祉。猴子这么做，并不是它害怕另外一只猴子的报复，因为德瓦尔教授发现，猴群中的首领，实际上也是最慷慨、最愿意分享的猴子。从这个角度上讲，领导力的核心之一，是分享，而不是武力的威吓或者肉体的攻击。

一个更极端的例子来自精神病学家马瑟曼的一个实验：当一只猴子拉扯链子获得食物时，笼子里的另外一只猴子就会遭到电击。他发现，猴子会拒绝拉扯链子来获得食物。甚至有一只猴子因为看见另一只猴子遭到电击，而拒绝拉扯链子长达 12 天之久——实际上这等同于宁可自己饿死，也不愿让同伴遭受伤害。人也是如此。在《汤姆叔叔的小屋》里，奴隶主莱格利将协助女奴逃跑的汤姆打得死去活来。在生命的最后时刻，汤姆说："我什么都知道，老爷，但是我什么也不能说，我宁愿死！"

自然界的动物仰赖合作才得以生存，而我们人类更是通过彼此依靠才得以存续至今。同理心是我们的天性，而且，我们的同理心要比动物先进很多，但同时也复杂很多。

对同理心的误解

同理心的兴起，如前面所讲，是来自心理治疗领域。弗洛伊德首先将这个概念引入精神分析，科胡特在《论共情》和《精神分析治愈之道》中发扬光大，而人本主义心理学家罗杰斯更是将它作为心理治疗的核心。正是因为它被不同流派的心理学家广泛应用，它的内涵和外延反而变得模糊起来。所以，与其给它一个大家都认可的精准定义，不如厘清它不是什么。

首先，同理心不是同情心。同理心是高情商的表现，而同情心是善意的低情商。

我们可以想象一个场景：当一个人陷入悲伤情绪的时候，就好像他掉进了一个无底的深渊，四周一片漆黑，孤立无援。他在深渊底部大声喊叫："我被困住了，周围一片黑暗，我现在好难受。"

同情心的表达方式是："哎呀，真糟糕，你掉到洞里面去了，很难受吧？饿不饿？要不我给你找点吃的？也许这样你会好受一点。”同情心在这里做的是试图通过转移话题来安慰对方，但是完全忽略了对方的感受，只是从自己的角度来理解对方的处境。于是，同情心失去了与受伤者的联结，把自己变成了一个旁观者。

而具有同理心的人会爬到地洞里去，告诉这个掉进地洞的人：“我知道下面是什么样子，你并不孤单，我能够陪伴你。”这个时候，同理心实质上是在建立与受伤者的联结，让受伤者得到支持和理解，让自己和受伤者变成战友。这正如新古典经济学创始人亚当·斯密所说：“想象自己是那个受苦的人。”

所以当我们看到刚入职的同事在做报告前紧张不安，我们不应该告诉他，“没有什么好紧张的，多讲几次就不紧张了”，而是应该去想象他的焦虑与茫然，然后给予他需要的安慰；在路边看到有人因为缺衣少食而乞讨，我们不只是可怜他们，而是去想象他们在寒夜里露宿街头的感觉，被路人彻底忽视的感觉。当然，同理心不仅仅是对苦难的感知，而是对所有的情感体验。例如，当我们为长辈挑选一个生日礼物时，我们应当想象一个跟他有着相同品位、年纪相仿、背景相同的人会喜欢什么样的礼物。

所以，同情心是对他人的遭遇只是感到可怜与遗憾，以旁观者的身份出现，因此会失去联结，而同理心在理解对方的情感或观点，是在制造联结，是在成为受苦者的战友。

其次，同理心不仅仅是用来发现你和别人的相同，更重要的是用来发现你和别人的不同。

德国思想家雅斯贝尔斯在《论历史的起源与目标》一书中把公元前 800 到公元前 300 年称为轴心时代。在这个时代，在中国、欧洲和印度等地区出现人类文化飞跃的现象。世界上主要的精神传统，包括佛教、儒家与犹太教，以及随后的基督教和印度教都发展出了著名的、被后人称为“黄金律”的道德公理“你们想要别人怎样对待你们，就要怎样对待别人”，或者“己所不欲，勿施于人”。

黄金律经常被认为是同理心原则。的确，当我们的情感经验，尤其是苦痛经验，跟他人相符合时，黄金律可以运作得很好。但是，当我们的经验、文化和世界观跟他人格格不入时，黄金律就失效了，甚至在某些时候还会带来副作用。记者赖特曾有这样一段话来评价美国的外交政策：“世界上最大的问题，就是人或团体无法从其他人或其他团体的角度看事情，即无法设身处地为人着想。我说的不是分享他人情感的同理心，例如感受他人的痛苦，而是理解与认同他人的观点。所以，对美国人来说，这也许意味着你要想象自己住在一个被美军占领或被美国无人机攻击的国家；此时，你的看法也许会跟许多美国人迥然不同——那些美国人可能认为部署军队是善意的，能带来更多的好处；但是你的内心可能充满憎恨，开始厌恶美国。”

在菲律宾的马克坦岛上矗立着一座纪念碑。在纪念碑的一面刻着：“费尔南多·麦哲伦。1521 年 4 月 27 日，费尔南多·麦哲伦死于此地。他在与马克坦岛酋长拉普拉普的战士们交战中受伤身亡。麦哲伦船队的一艘船“维多利亚号”，在埃尔卡诺的指挥下，于 1521 年 5 月 1 日升帆驶离宿务港，并于 1522 年 9 月 6 日返抵西班牙港口停泊，第一次环球航海就这样完成了。”在纪念碑的另外一面，并没有像传统的纪念碑一样刻着麦哲伦的生平，而是纪念酋长拉普拉普的：“拉普拉普。1521 年 4 月 27 日，拉普拉普和他的战士们，在这里打退了西班牙入侵者，杀死了他们的首领——费尔南多·麦哲伦。由此，拉普拉普成为击退欧洲人侵略的第一位菲律宾人。”

在后人眼里，麦哲伦和拉普拉普都是英雄——一个在传播“文明”，另一个在抵御“侵略”。从不同的视角来看，他们都充满正义。所以，世间万物本来就不能做绝对的评价。不同民族、不同国家，有不同的文化、历史和风俗，必然不存在政治经济学家福山在《历史的终结与最后的人》一书里所强调的人类的文明最后仅有一种形态。在强国和弱国共存的世界里，弱国的观点通常有意无意地被强国所忽略，正如处于苦难中人的观点常常被旁观者所忽略一样。

爱尔兰剧作家萧伯纳说：“己所欲，也勿施于人——他们的喜好可能跟你不同。”同理心不仅仅要求在情感上的共鸣，而且也要觉察并尊重不同观点。我们不能假定我们的伴侣拥有与我们相同的喜好、道德理念，以及看待这个世界的方式。所以，我们需要超越黄金律，拥有真正的同理心：“别人希望你怎样对待他们，你就怎样对待他们。”

亚当·斯密的《道德情操论》或许是第一本系统讨论同理心的书。在书中，他再三强调，我们要避免以自我为中心，尽可能体验他人的情感和适应他人的过往经验：“旁观者首先必须尽可能让自己置身于他人的处境，受苦的人的任何悲伤痛苦，无论多么微小，都应细细加以体会……我想安慰你的丧子之痛，为了体会你的悲伤，我不能想着如果我有儿子，如果我的儿子不幸死去，自己会感受到什么样的痛苦。我应该想的是，如果我是你，我会感受到什么样的痛苦。我不只是要置身于跟你一样的处境，我还要改头换面，具有跟你一样的人格与个性。如此，我将完全为你悲伤，而不是为自己悲伤。”

用同理心来培育亲密关系

如何使用同理心来增强亲密关系呢？心理学家高特曼用了30多年的时间来回答一个问题："幸福婚姻与不幸婚姻的区别是什么？"他将对上千名已婚者的研究结果编撰成书，专门探讨了如何用同理心经营婚姻。在书中，他给出了三条建议。

第一，保持好奇心。社会学家森尼特认为同理心的前提是"对他人内心充满好奇的情感"。这是因为好奇心不仅有助于我们了解伴侣来自何种家庭和社会背景、持有何种观念，还能让我们跟上伴侣的变化。我们可以试着每天发现一件对伴侣来说意义重大的事件：他想要什么，在他身上发生过什么重要的事情。

要保持好奇心，最好的办法就是向孩子学习——他们会直接找陌生人讲话，问各式各样的问题。意大利教育家多尔奇说："孩子天性活泼，充满好奇心，也很敏感，长大就是变得麻木不仁的过程。"如何才能回归孩子的好奇心呢？罗杰斯的建议是真诚透明，即真实不做作。此外，我们还需接纳和欣赏对方，无条件地认为他是一个具有自我价值的人，而无论他当下的状态、行为或者感受是什么样子。最后，要主动地共情，即渴望了解对方的各种情感和自我表达的个人意义。

所以，当我们真正交谈时，不是聊天气或者饮食等琐碎小事，而是讨论梦想或畅谈生命的价值："根据个人经验，你认为做个好人有什么好处与坏处？""你最希望自己的爱情观有何改变？""你的雄心壮志如何影响到你对他人的关爱程度？""你比较喜欢过去、现在，还是未来？""你最想如何迎接老年生活，而谁可以帮你实现？"等等。

事实上，每个人都有自己的故事：我的童年、我的初恋、我的梦想……每个人的人生经历都弥足珍贵、独特炫彩。即使那些与我们认识多年，陪伴多年的人，仍有许多我们不知道的故事。

好奇心的反面就是忽视。在人生最后的日子，乔布斯与他的传记作者谈到他生命中最重要的女人——蒂娜，他说："她是我见过的最美的女人，她是我真正爱过的第一个人，我们是那么心意相通，我不知道谁还能比她更理解我。"他们之所以没有生活在一起，并非乔布斯没有把握机会——在1989年，乔布斯向蒂娜求婚，但是蒂娜拒绝了。她说：“爱上一个以自我为中心的人，这种痛苦令人难以置信。”有多痛苦呢？蒂娜曾经在他们的卧室墙上写了一句话：“忽视是一种虐待。”

所以，保持好奇心。

第二，积极倾听。在谈话时保持同理心并不容易。一方面，积极倾听并不是沉默不语，只听对方讲——没有交互的谈话不是积极的倾听。另一方面，有些人只要谈话变得激烈，就开始针锋相对，抢先指责，想让对方内疚，如在前面提到的无效沟通；或者把胜负心带入谈话：你以为你这算惨吗，要不要听听更惨的？这里最常见的错误方法就是用“一线希望”来帮助那些求助的人。

俗话说，天无绝人之路，总会有一线生机，或者在鸡汤文里常有的“上帝给你关上一扇门，但是给你打开了一扇窗”。但是，这样的“一线希望”式的谈话，不仅不会对求助者起到帮助，相反，还可能伤害他们。因为这个时候你不仅关上了门，而且还把窗户也关上了，把你与他的联结也彻底掐断了。

例如，有人说“我的婚姻正在破碎”，你说“至少你还有一段婚姻”；有人说“我的小孩最近厌倦学习，成绩下滑得厉害”，你说“至少你小孩以前还是个优等生”，等等。从表面上看，是在帮助求助者寻找积极的理由，但实际上是在说：“你还有不错的地方啊，有什么好抱怨的。”这里的“一线希望”，其实是把他往外推，甚至让他羞愧自己的倾诉，从而把他的情绪打压得更深，而不是释放，最终越积越多，甚至出现各种心理问题。

沟通专家罗森堡向人本主义疗法的创立者罗杰斯学习如何以来访者为中心的倾听技巧，设计了一套“非暴力沟通”的技巧，即积极倾听有效的方法。非暴力沟通有两个要点，一是要“感受”——清空自己的杂念，全神贯注听对方讲话，不预设立场，不妄加评判，从而感同身受。二是这个技巧的核心，是努力“了解对方的需求”，而不是自说自话，鸡同鸭讲。罗森堡认为无效沟通的主要原因是双方没弄懂对方的需求。所以，我们不仅要倾听别人的内心，也要让对方知道我们听懂了，而方法则是把他们带有情绪的言语转化为中性的、不带价值判断的问题，然后重新讲给他们听。

为了清楚地阐述基于这两点的有效沟通，他举了一个他去巴勒斯坦难民营与难民沟通的例子。当他踏入会场时，就看见以色列军队昨夜发射进来的催泪瓦斯的弹头上写着“美国制造”。在他开口前，一位难民跳起来大喊：“杀人凶手！”其他难民也跟着大喊：“凶手！杀人恶魔！”

于是，罗森堡问这位指责他是“杀人凶手”的难民：“你生气是因为你觉得我的国家不该制造这种东西？”

难民：“我当然非常愤怒！你们竟然以为我们需要什么催泪弹！我们要的是居住的地方！要的是属于我们自己的国家！”

罗森堡：“所以你很生气，而且希望美国协助你们改善居住环境，帮你们争取政治独立？”

难民：“你知道这27年来我跟家人过着怎样的生活吗？包括小孩在内的每个家人过着怎样的生活，你有办法想象吗？”

难民就这样不停地讲述他们遭受的苦难，而罗森堡则认真倾听，并把这位难民充满情绪的言语转化为中性的、不带价值判断的问题。20分钟过后，等难民觉得罗森堡已经了解他的苦难之后，罗森堡才解释他此行的目的。沟通结束后，这位原先怒气冲冲的难民邀请罗森堡去他家吃斋饭。

罗森堡分析了“非暴力沟通”在劳资谈判的应用后发现，如果双方在回应之前，先准确复述对方所讲的话，那么冲突就会锐减一半。这样积极倾听的技巧同样可以用于家庭。例如，当妻子抱怨丈夫最近花太少时间照顾小孩，这时，先别急着辩护，而是说类似这样的话：“我发觉你对我们照顾孩子的工作分配不太开心，是吗？”或者：“我上星期有好几天加班到很晚，你是不是想说这件事？”当孩子发脾气或者号啕大哭，先不用问他们为什么有这样的情绪反应，或者强行制止，而是协助他们讲出自己的需求，例如：“你不高兴是因为我现在不能陪你玩儿吗？”或者：“你生气是因为我没有让你看完动画片就让你去做作业吗？”

其实在这样的冲突场景里，并不是所有人都指望问题能够通过一场谈话就能得到解决——他们希望的是有人能倾听他们，了解他们。同时，他们也知道我们并不是每次都能提出真正的、有效的解决方案；所以，他们宁可希望我们说：“我也不知道该如何来解决你的问题，但是我非常高兴你能跟我分享这些东西，而且我也非常愿意和你一起来解决这个问题。”这就是联结。一旦有了联结，他们就不再孤单，这就有了机会将他们从不愉快中引导出来。

第三，转换视角、关爱他人。充满好奇心，积极倾听，还算不上真正的同理心。事实上，同理心的这两点在商业上被充分研究和探讨，用以操纵他人从而获得商业利益。许多营销课程教人如何在谈话时靠同理心赢得顾客，例如问起他们的家人以建立私人情谊，在说话时看着对方的眼睛以体现关注，留意对方的肢体语言与说话语气以了解他们当下的情绪。这一套技术被称为“同理心营销”。

第一位将同理心用于营销的大师是弗洛伊德的外甥、被誉为公关之父的伯奈斯。伯奈斯使用弗洛伊德的精神分析法去触及顾客无意识中的欲望与情感，与他们感同身受，而不是向顾客介绍产品的特点与优点。例如，1929 年，他协助美国烟草公司通过同理心营销来打破女性不可吸烟的禁忌。他安排一些女影星在复活节游行时公开地抽烟，然后让媒体跟进报道这些女影星宣扬女性独立、女性参政，而她们抽的烟所代表的就是“自由的火炬”，象征男女平权。他的同理心营销大获成功——全美国的女性纷纷开始抽烟。

在伯奈斯看来，只要通过好奇心和积极倾听，就能把握顾客的欲望，然后把产品与顾客的欲望搭上关系，就能把产品卖出去，甚至让他们做出不合理的行为。

同理心营销是同理心的滥用，因为它利用同理心来操纵他人，与同理心的初衷背道而驰。所以，真正的同理心还需要第三点，那就是要关爱他人，以他人的福祉为同理心的出发点，因为这才是长久之道，而操纵与欺骗只能在短时得逞。

有“大众通用”设计者美称的穆尔为了设计适合老年人使用的产品，她让自己“变成”了老年人——她戴上老花镜来模糊自己的视线，戴上耳塞让自己听不清楚，手臂与腿上绑上夹板，让关节无法弯曲，最后再穿上高低不一的鞋子，让自己不得不使用拐杖。1979~1982年，她以这个装扮在美国100多座城市里行走，试图体验老年人每天遭遇的困境。而这些困境促使她从全新的角度来设计适合老年人使用的商品。同时，她还成为老年学家，成功游说美国国会通过了《美国残疾人法案》。

所以，同理心最后也是最重要的一点，就是转换视角，关怀他人，以他人的福祉为目的；用“我们”来取代“我”和

“你”——不要仅仅考虑自己的愿望，想想什么对“我们”最好，而不是对“我”最好；从笛卡尔的“我思，故我在”的自我中心时代，进入到一行禅师在《活得安详》一书中所说的“你在，故我在”的同理心时代。

用同理心做自己

同理心不仅能帮助他人建立亲密关系，更能帮助我们自己找到美好生活。

北宋时期，白云守端禅师拜访杨岐方会禅师。方会禅师问："我听说你的授业师傅茶陵郁禅师在过桥时不小心摔了一跤，因此大彻大悟。你还记得他的开悟偈语吗？"守端禅师点点头，背诵道："我有明珠一颗，久被尘劳关锁。今朝尘尽光生，照破山河万朵。"方会禅师听完哈哈大笑，不发一语就走了。守端禅师愕然，通夕不寐。第二天一早，守端禅师专程找到方会禅师询问："为什么我答对了却反而招来你的嘲笑？"

方会禅师说："你昨天看见在寺庙门口逗人发笑的小丑了吗？你比他们差远了。他们喜欢人家笑，你却害怕人家笑。"

守端禅师大悟，终成禅宗杨岐派的一代宗师。

守端禅师悟在哪里？悟在自性自见。如果我们总是被贪嗔痴等俗情妄念所束缚，一言一行，处处受到拘束，怎能洒脱自在？这也是罗杰斯所说的“心灵上的自由”是美好生活的前提。

对很多人而言，美好生活就是满足了需要、实现了目标，或者适应了环境等。通过目标的达成而释放内在的紧张，于是期望获得快乐。但是，罗杰斯认为这是错误的。在他著名的《个人形成论》一书中，罗杰斯这样来描述美好生活：“美好生活是一个过程，不是一种存在的状态。它是一个方向，不是一个终点。构成美好生活的方向是个体所选择的，而他之所以能做此选择，是因为他具有心理上的自由，使其可以在任何方向上变化移动。”

所以，罗杰斯人本主义疗法的核心就是要激发来访者，让他们相信自己，让他们拥有自由，那么他们就必然会进入美好生活。正如茶陵郁禅师的偈语：“我有明珠一颗，久被尘劳封锁。今朝尘尽光生，照破山河万朵。”

如何让明珠“尘尽光生”呢？罗杰斯给出了基于同理心的三条建议，这也是他创立的人本主义疗法的核心。

第一，聆听自我，开放经验。向美好生活前进，必然是从熟悉的当下生活情景走向未知的生活情景。而未知，总是带来不确定感以及由此而来的焦虑，于是步步为营的防御便成了常态。防御的确能带来安全感，但是更会错失成长的机会——这正如哲学家克尔凯郭尔所说："冒险会导致焦虑，但是不冒险就会失去一个人的自我。"

所以，向美好生活而去，就必然要远离自我防御，而接纳内心的冲突。面对未知，我们必然会有更多的手足无措，必然会有更多的失败，恐惧、沮丧、痛苦油然而生。而我们习惯做的，是回避它们、压抑它们、封闭自我，不让它们在我们的意识中正常表达。而这些负面的情感和欲望，就是那个"受苦的人"。

我们既然能够用同理心去帮助他人从苦难中走出，我们更应该用同理心去帮助自己内心中的"那个受苦的人"。所以，要向意识完全开放这些被压抑在潜意识里的负面经验，毫无拘束地体验这些情感和经验，聆听它们的苦难和诉求，让事物以其本来的面目进入到意识之中，然后与它们对话。

在咨询中，罗杰斯发现："当来访者变得对于所有的经验更为开放时，他们发现越来越有可能信任自己的反应。假如他们‘想要’表示愤怒，他们就把愤怒表达出来，而且发现其结果令人满意，因为他们对爱慕之情和亲密相处等愿望也同样采取积极的态度。在找寻解决复杂的、烦人的人际关系的恰当行为时，他们为自身直觉的能力而深感惊异。事后，他们才慢慢认识到，在产生令人满意的行为的过程中，他们内在的反应是多么令人吃惊地值得信赖。”

所以，当我们能够倾听自我的全部，这个时候我们过上的生活，才算是属于我们真正的生活。此时，就是美好生活。

第二，信任自我，依赖自我。我们信任专家，我们信任权威，但是我们不信任我们自己。我们总是渴求从“大师”那里获得真知灼见、人生启迪，殊不知我们其实已经“明珠”在握，只是“久被尘劳关锁”。

而解锁“尘劳”的关键，罗杰斯认为是对于自我的充分信任，相信自我对于当下情境的反应，才是最优的反应。而当我们对我们产生怀疑的时候，只有当我们充分信任自己的反应，才不会像守端禅师那样时刻关注他人的评价，最后采用“歪曲”的防御机制。

例如，一个女孩在读书时一直都非常勤奋，努力获取好的成绩，以此取悦父母：“我是聪明的，所以能取得优秀的成绩。”后来，她参加了工作，在公司里并没有出类拔萃。于是，她此时的经验就与以往的经验相抵触，与其聪明的、高成就的自我概念不相匹配，因此威胁到她的自我形象。而自我形象对她而言非常重要，因为它曾经使得她父母对她积极关注。“父母将会怎么看我？”焦虑由此而生。

对焦虑的不良反应是采用“歪曲”的防御机制来修饰或更改她的经验，而不是去改变她的自我形象。例如，她可能会说：“我的上司对我的评价不公正。”或者：“我对这个工作没有兴趣。”于是，她可能去找那些更容易获得好业绩的公司或者行业，因为她期望的结果使得父母高兴，而不是自己的成长。而事实上在新的情景，新的经验可能会使她感受更多与自我形象的不匹配而产生更多的焦虑。

罗杰斯认为，焦虑的真正解决办法，是减少自我形象与经验的不一致。拥抱新的经验，改变有外人强加给我们的自我形象，即“聪明、事事必须出类拔萃”，而是自己来评价和掌控自己的行为。这样，我们就能享受到生活的个人权力感，知道未来是自己决定的，而非受外部的强制或内部的压抑。这时，即使碰到迷茫、担心、焦虑、恐惧等负面情绪反应，我们也能用同理心来坦然面对，因为我们有对自己信任而带来的真实的控制感。

更重要的是，当我们不再像以前一样随时防备着这些发自潜意识的情感与欲望，我们就会越来越喜欢存在于自身的复杂性和丰富性，并由此构建出个性化的自我评价标准。此时，对于我们唯一重要的问题是：我的生活方式是否真正令我满意。于是，我们不再盲目遵循或者消极适应社会和文化传统；此时，创造和创新能力由此喷发。

第三，活在当下，保持新鲜感。罗杰斯认为美好生活就是要在每一时刻都充分地体验生活，对生活充满清新感，因为生活存在于每一瞬间。

1924 年，当记者问英国登山家马洛里为什么要去攀登珠穆朗玛峰时，他的回答不是记者所期待的人类征服自然之类的豪言壮语，而是非常简单的“因为它在那里”。虽然马洛里是否是第一个成功登顶珠峰的人还是个谜，但是他更享受登山的过程却是不争的事实。

美好生活不是目标，而是过程，是一个既美丽动人，又惶恐未知的运动过程，从我们来到这个世界一直延展到我们的离去。在这个自我发展的过程中，早期是父母，特别是母亲给予婴幼儿无条件的积极关注——无尽的慈爱与关注和对吵闹行为的忽略，而这是婴幼儿获得安全感与自尊的关键。当在青年期逐渐独立时，这时候的无条件积极关注就只能来源于我们自身。只有试图去理解和体验当下的意义，才能感觉到我们自己的价值；只有这样，我们才能无拘束地发展一切潜能，达到最终指向的目标。正如登山的人，不能时时想着登顶后的喜悦，而是应当关注当下的每一步，活在当下。

动物之间的同理心是为了更好地生存；人与人之间的同理心是为了化解冲突，建立亲密关系；而对自我的同理心，在罗杰斯看来，是在回答一个自人类文明诞生以来就存在的问题：“成为一个人究竟意味着什么？”显然，不同的人会有不同的答案，因为每个人都需要以同理心来仔细倾听自己的欲望与情感。

如何提升同理心

同理心无论在建立亲密关系上还是洞悉我们的内心上，都是至关重要的能力。那么如何才能提升同理心呢？

拥有同理心本身很容易，因为同理心是一种本能；但是，拥有高同理心却不容易，因为同理心也是一种选择，是对被忽视、被压抑的情感和观点的选择，必须要有我不下地狱谁下地狱的勇气。这是因为同理心的核心是要建立联结，而为了建立联结，自己就首先必须真诚地去体验到他人或自我的抑郁、焦虑、愤怒等情感，这样才能感同身受，成为共渡难关的战友。所以，虽然同理心很强大，但是并不是所有人都愿意去拥抱同理心。

此外，正如任何一种完美的能力，都需要持之以恒的练习。我们是所有动物中最具有同理心的动物。但是，人类也是最好斗的动物。正如弗洛伊德在《文明及其缺憾》中所说："人类不是温和的生物。"即使是婴儿，也会无情地寻求自己的利益。弗洛伊德相信，如果没有适当的控制，人类会变成“野蛮的兽类，要他们体贴同类是不可能的”。在人类的“死本能”的驱动下，人类会“不征得他人同意，向他人发泄性欲，抢夺财物，羞辱他人，让他人痛苦，折磨并且杀死他人”。因此，培养同理心，也是摆脱兽性，走向文明的努力。

德国宗教哲学家布伯在《我与你》一书中描述了两种人际关系。一种是“我—它”，即把他人当成没有个性的物品，这在刻板印象中常见，比如“东北人豪爽但粗糙，南方人细腻但拖泥带水”；另一种关系是“我—你”，即把他人当作与自己平等的、独特的个体来对待，并尊重和欣赏他的视角与情感，即使与我们截然不同。布伯认为只有“我—你”这种关系才能与他人建立关系，了解真实，走向亲密。

要形成“我—你”这种关系，关键在于想象他的人性，在日常生活中探索他人甚至物品外表之下的人性。在电影《杯酒人生》里，有这么一段对话，非常清楚地展示了这个练习。电影中，玛雅向迈尔斯解释她为什么喜欢葡萄酒：“我喜欢想象酒的一生，把它想象成是生命的东西。我总会想到，葡萄成长的那年发生了什么事，阳光是如何洒满大地，而下雨的话，又会是什么样子。人们又是怎么照顾这些葡萄和采摘它们的；如果那是瓶老酒，他们又有多少人现今已不在人世了。我总是想酒是如何不断地生长变化的，要是我今天开了一瓶酒，它的味道一定和其他任何一天打开时有所不同。因为酒是有生命的，它会持续演变，变得繁复，直到达到巅峰的状态。然后，它会维持稳定一段时间，最后不可避免地衰老。”

宗教哲学家阿姆斯特朗认为这种思考方式可以深化我们对全世界人类的关注——它能“帮助我们了解自己其实必须仰赖许多素未谋面以及居住在遥远地方的人才能生活”，而这将引导我们从他们的视角去看这个世界，对他们的经验开放我们的心扉。事实上，我们在回忆过去的时候，不妨去和那个十年前、二十年前的小伙子或者小姑娘对话，去理解那个时候的我们在当时的情景下的动机与行为。

此外，布伯还强调：“学习（同理心）的唯一方法就是面对面接触。”所以，读万卷书，不如行万里路。旅行是驱散偏见的最好方式。最好的例子，无疑就是南美洲的革命家切·格瓦拉。

格瓦拉出身于贵族家庭。与许多年轻人一样，他对橄榄球的兴趣远大于革命，而外出旅行的目的是认识更多的女孩。当他决定旅行得更远一点，从阿根廷出发穿越南美洲时，本意是“驶向灵魂最深的幽闭处，去认识我们生活的土地，聆听赞歌”。

但是，他原本狭隘的上层社会的世界观在这次旅行中彻底被南美洲的贫穷与社会不公所打破。在城市里，格瓦拉看到一名年老的仆人因为没钱看病只能等死。他试图用他在医学院的知识救治，但为时已晚。在荒野，格瓦拉遇到在路边因为寒冷紧紧相拥在一起的失业矿工与他的妻子，他把自己的毛毯给了那对无家可归的夫妇。格瓦拉回忆道：“那是我所经历过的最冷的一晚，但那一晚也让我稍微靠近了人类这个奇怪的物种。”

在结束旅行的时候，这一连串经历使他的同理心油然而生，他在日记中写道：“写下这些日记的人，在重新踏上阿根廷的土地时，就已经死去。我，已经不再是我。”于是格瓦拉完成了从医学生向革命者的转化。历史学家维拉斯说，“格瓦拉的政治与社会意识觉醒，与他直接目睹贫困、剥削、疾病与痛苦有关”，而不是来自书本的知识或者有学识的人之间的讨论。

世界上第一家旅行社的创始人、第一次环球旅行团的组织者托马斯·库克说：“旅行可以驱散传说的迷雾，扫除从襁褓时期开始积累的偏见，借由面对面的接触，使我们获得完全的理解。”

结语

17 世纪，哥白尼证明地球不是宇宙的中心——太阳没有绕着地球旋转；今天，我们也知道，人性并非围绕着自己旋转，而同理心才是我们人性的根本。

在两人世界里，争执总是不可避免。承认观点的不同并接纳，然后平和地开始讨论分歧；如果感受到情感受到了伤害，则应该立刻停止争吵，先修复受伤害的情感，以避免情绪失控；最后，学会妥协。罗杰斯说:“爱是深深的理解和接纳。是回应，是看见，是联结。”

在更广的尺度上，同理心可以创造出人与人之间的联结，让阶层非暴力融合，让社会繁荣成长。同时，要拥有美好生活，必须走出自我的禁锢，走进他人的人生，不管他们是与我们熟悉的人还是陌生的人；必须走出自我的压抑，让情感与欲望充分表达，不管这些情感是悲伤、恐惧，还是欢乐、幸福。

只有当同理心在我们人性中充盈的时候，我们才能成为完整的人，婚姻才会悠久而亲密，而社会才会融合不再割裂。这正如17世纪英国玄学派诗人约翰·多恩在《没有人是一座孤岛》里所表达的一样：

没有人是一座孤岛，
可以自全；
每个人都是大陆的一片，
整体的一部分；
如果海水冲掉一块，
欧洲就减小，
如同一个海岬失掉一角，
如同你或你朋友的领地失掉一块；
任何人的死亡都是我的损失，
因为我是人类的一员，
因此
不要问丧钟为谁而鸣；
它就为你敲响。

跋

2017年年底，罗振宇老师找到我，希望我能开设一门关于心理学基础知识的大师课——因为纵观国内的心理学图书和课程市场，面向大众的系统和全面介绍心理学的课程或书籍少之又少——要么是类似《心理学与生活》这样的专业教科书，要么是类似《自控力》这样的面向一个专题的大众读物。此外，国外的心理学大众书籍多由大学教授撰写，而国内的作者少有经过心理学的专业训练。

这并不是因为国人对心理学的忽视。第一批睁眼看世界的近代中国人，把心理学作为革新自强的思想武器。在他们的眼中，因为心理学科学地阐明意识和行动之间的关系，因此是修身养性、砥砺革命意志、移风易俗、治国救民的重要学问。中国第一个留美学者容闳于1847年就在美国学习了心理学课目，中国新文化运动先驱蔡元培曾聆听科学心理学创始人冯特讲课，并系统学习了心理学的实验方法。我国第一所大学——京师大学堂在创办之初颁布《钦定学堂章程》，设立心理学为通习科目，并规定第一年通习心理学，第二年通习应用心理学。孙中山更是将“心理建设”置于《建国方略》首位，指出：“国家政治者，一人群心理之现象也。是以建国之基，当发端于心理。”

但是，穷国没有心理学生长的土壤。物资的匮乏，让人们把更多的注意力放在了温饱上。什么是幸福，吃饱穿暖就是幸福。改革开放 40 多年，我国经济的增长速度创造了人类有文字记录以来的最快纪录；于是，能用钱解决的问题越来越少，不能用钱解决的问题却越来越多。而这些不能用钱解决的问题，有相当一部分，可以用心理学来解决。

于是，根据我在麻省理工学院聆听的平克教授的《心理学101》和在哈佛大学聆听的吉尔伯特教授的《心理学与生活》，以及我在国科大、北师大、清华大学等高校向全校学生讲授《普通心理学》和《心智探秘》等课程的经验，更融入我 30 多年来对心理学和脑科学的研究心得，我开设了《心理学基础三十讲》，深受听众好评。

但是，因为时间仓促，很多内容都没有展开。于是，我决定认真写一本面向大众的，系统介绍心理学的通俗读物。

根据规划，这本书包含三册。

第一册是理论篇，讲述心理学的三大难题与四大假设。它们是心理学的基石，同时也是从精神世界来观察这个物理世界的世界观。

第二册是自我篇，试图从心理学的角度回答“我是谁”这个问题，并给出构建完美心理世界的方法，由此构建人生观。

第三册是社会篇，试图从恋爱、婚姻、社会的角度阐明人与人，人与社会的关系，从而回答“我从哪里来，要到哪里去”这个问题，并寻找生命的价值与文明的传承，以应对我们的价值观。

第二册（《心理学通识》）在2年前写完，这一本书是第三册。在写作的过程中，我意识到亲密关系其实有太多的东西需要分享，因为它回答了“人何以为人”；所以，这部分独立成册，我暂且把它编号为第三册（上）。下一步准备写作第三册（下），即人与社会。希望这两册能尽快完成，尽快与读者见面。

在写作过程中，我参考了很多的书、论文和网上的资料；为体现他们的贡献，我尽量把每一个研究者的名字都在书中列出，也尝试交叉检验，尽量确保每一处数据都相对准确。考虑到这只是一本通俗读物，所以我没有在书后给出具体的论文引文，特此致歉。同时，对不准确的数据，以及可能的对这些研究的断章取义甚至漏掉的引用，也特此致歉。

因为平时工作繁忙，所以每碰到节假日的时候，便是我快乐写作的时候。这个写作过程中，不仅让我静下心来，系统回顾和梳理我 30 多年来对心理学的所学所感所悟；更重要的是，它治愈了我自己。

我们常说，“今年是过去十年最糟糕的一年，但却是未来十年最好的一年”。物质缺乏，精神困顿，生活不易，当下的每一年都是最艰难的一年。但是曾经被我遗忘的心理学知识在写作过程中又变得鲜活起来，让我从不完美的物理世界中构建出了完美的心理世界。

我希望你通过阅读此书，也能有此收获。

图书在版编目（CIP）数据

我和我们 : 关于爱的心理学通识 / 刘嘉著 . -- 北京 : 台海出版社 , 2023.1
ISBN 978-7-5168-3438-1

Ⅰ . ①我… Ⅱ . ①刘… Ⅲ . ①心理学—通俗读物
Ⅳ . ① B84-49

中国版本图书馆 CIP 数据核字 (2022) 第 217184 号

我和我们

著　　者：刘　嘉

出 版 人：蔡　旭　　封面设计：周宴冰
责任编辑：戴　晨

出版发行：台海出版社
地　　址：北京市东城区景山东街 20 号　邮政编码：100009
电　　话：010-64041652（发行、邮购）
传　　真：010-84045799（总编室）
网　　址：www.taimeng.org.cn/thcbs/default.htm
E - mail：thcbs@126.com

经　　销：全国各地新华书店
印　　刷：三河市兴博印务有限公司
本书如有破损、缺页、装订错误，请与本社联系调换

开　　本：880 毫米 ×1230 毫米　1/32
字　　数：148 千字　印　张：8.25
版　　次：2023 年 1 月第 1 版　印　次：2023 年 1 月第 1 次印刷
书　　号：ISBN 978-7-5168-3438-1

定　　价：68.00 元

版权所有　翻印必究